青少年灾难自救丛书

QINGSHAONIAN
ZAINAN ZIJIU CONGSHU

惊涛骇浪

姜永育 编著

四川教育出版社

图书在版编目（CIP）数据

惊涛骇浪/姜永育编著. —成都：四川教育出版社，2016.10

（青少年灾难自救丛书）

ISBN 978-7-5408-6680-8

Ⅰ. ①惊… Ⅱ. ①姜… Ⅲ. ①海啸—自救互救—青少年读物 Ⅳ. ①P731.25—49

中国版本图书馆CIP数据核字（2016）第244988号

惊涛骇浪

姜永育 编著

策　　划　何　杨
责任编辑　魏　娟
装帧设计　武　韵
责任校对　喻小红
责任印制　吴晓光
出版发行　四川教育出版社
　　　　　地　　址　成都市黄荆路13号
　　　　　邮政编码　610225
　　　　　网　　址　www.chuanjiaoshe.com
印　　刷　三河市明华印务有限公司
制　　作　四川胜翔数码印务设计有限公司
版　　次　2016年10月第1版
印　　次　2021年5月第2次印刷
成品规格　160mm×230mm
印　　张　9
书　　号　ISBN 978-7-5408-6680-8
定　　价　28.00元

引子

在我们生活的这个星球上，灾难随时随地都会发生。

如果某一天你在海边玩耍时，地震海啸突然发生，惊涛骇浪席卷而来，你该怎么办？

功夫巨星李连杰一家在海啸中逃生的经历，给了我们启示。

2004年12月26日，印度尼西亚苏门答腊岛附近海域发生9.0级大地震，引发了百年来全球最大的海啸，滔天巨浪以喷气式飞机的速度扑向印度洋沿岸的国家和地区，印度尼西亚、马来西亚、泰国、印度、马尔代夫等国人员死伤惨重，许多游客在这场灾难中被海啸吞噬了生命。

巨浪扑来时，李连杰正带着妻子、女儿和保姆在马尔代夫度假。

这天上午，马尔代夫和往常一样平静，海滩上游人轻松闲适，海面上渔民撒网捕鱼，一切看上去和谐而美好。上午十时许，李连杰和保姆一起，准备带四岁的女儿到海边玩耍。突然间，海水骤然消退，露出了从未见过天日的海底，一群群受惊的鱼儿在礁石间不停跳跃。

谁也不知道，一场大灾难即将来临！

就在人们困惑不解时，远处的海面上出现了一条白线。白线越来越近，声音越来越响，等大家明白过来怎么回事时，巨浪已经冲到了岸边。

顷刻间，海水便淹到了脚踝。“快回去!”李连杰见势不好，赶紧一手抱起女儿，一手拉着保姆往回跑。几秒钟时间，海水迅速淹到了他们颈部。生死关头，李连杰单手举起女儿，拉带着保姆往高处走。

海浪涌动，人在水里像树叶一般，每走一步都艰难万分。好几次，李连杰差点被海浪冲倒，但他咬紧牙关，拼尽全身力气，因为他明白：自己一旦倒下，女儿和保姆就会被冲得无影无踪……平时短短的几步路，现在是那么遥远和漫长。不知走了多久，他们终于来到了一处高点儿的地方，暂时脱离了巨浪的包围。此时回头去看，刚才嬉戏过的沙滩早已变成了汪洋大海，而海水还在不断地上涨。

“不知道海水涨到哪里才会停止，你赶紧带着她往山上跑!”李连杰冷静地分析了一下眼前的情形后，把女儿交给了保姆。

“那你怎么办?”保姆紧张不安地问。

“我必须去酒店找妻子和小女儿。”李连杰说完，义无反顾地向酒店走去。

又经过一番惊心动魄的历险，李连杰终于在酒店找到妻女并将她们救出。

李连杰一家在海啸中成功逃生的经历告诉我们：第一，当海水骤退、海面白线等海啸征兆出现时，必须赶紧远离海滩；第二，如果不幸被巨浪追上，被海水围困之时，要沉着冷静，并以坚强的毅力与死神搏斗；第三，在逃生的过程中，一定要审时度势，尽量往地势较高的地方走，走得越高越好。

以上这些启示，只是巨浪逃生的一个侧面，除了地震引发的海啸，台风引发的风暴潮也会给我们带来巨大灾难。如何从地震海啸和风暴潮中死里逃生呢？赶紧翻开本书看看吧！

科学认识巨浪

巨浪来临前兆

巨浪逃生自救及防御

巨浪灾难警示录

科学认识
巨浪

巨浪的传说

远远地，大海上出现了一条白线，还有轰隆隆的声音传来。近了，白线越来越粗，声音越来越大……天哪，原来是可怕的巨浪来了。

在人类生活的地球上，海洋占据了百分之七十的表面积。浩渺而神秘的海洋，充溢着无数未解之谜，也潜藏着诸多难测的危险。巨浪，便是其中最可怕的危险之一。

海面上涌现的惊涛骇浪，可以说是大海发怒的标志。你可能不明白：又没人招惹，大海这是生的什么气呀！

看过中国神魔小说《西游记》的人都知道，齐天大圣孙悟空原本是一只石猴，它学艺成功后，为了得到一件好兵器，于是跑到东海里找老龙王要。老龙王给了它几件兵器，孙悟空都觉得太轻了。为了把这只烦人的猴子早点打发走，老龙王听从了龟丞相的建议，叫孙悟空去拿一根巨大无比的神铁——金箍棒。金箍棒是大禹治水时专门放在海里的定海神针，重达十万八千斤，一般人休想挪动分毫。谁想到这只看似弱不禁风的猴子，却轻而易举地拿走了金箍棒。这下可惨了！定海的神针被拿走，大海从此失去平衡，不但龙宫摇来晃去，水族们的日子很不好过，而且海面上经常巨浪滔天，许多渔船也被巨浪吞噬了。

除了孙悟空拿走定海神针的传说，中国民间还有一个哪吒闹海的故事。哪吒是陈塘关总兵李靖的小儿子，他七岁那年在海边洗澡时，与东海龙王的三太子发生冲突。小哪吒将三太子打死，并抽走了龙筋，这下惹了大祸。东海龙王联合南海、西海和北海的龙王，水淹陈塘关，李靖无奈之下，逼迫哪吒自杀。后来哪吒在师父的帮助下，借荷花还魂，并最终打败了四海龙王。龙王们虽然被打败，但并不甘心，它们经常在海底下操练水族，妄图有一天卷土重来——每当龙王率水族在海底操练时，海面上就会风雨大作，波涛汹涌，呈现出一幅巨浪翻滚的可怕景象。

在古希腊的传说中，巨浪是海神波塞冬制造的。波塞冬性如烈火，脾气暴躁，只要不高兴，他就会在海中兴风作浪，制造出恐怖的巨浪。除了神话传说，西欧一些最早的航海家则认为，巨浪与海底下隐藏的海怪有关。据说，这些航海家曾在海上遭遇过巨型海怪，海怪一出现，就会在海面上掀起惊天巨浪。至于海怪的样子，有的说像大蟒蛇，有的说像大乌贼。电影《加勒比海盗》中，杰克船长他们曾在海上与一只巨型乌贼不期而遇，乌贼的一只巨大触角，轻而易举地将杰克举在空中，整艘海盗船也被它拖入了海底。

当然，不管神话故事还是巨型海怪传说，都是因当时人们对巨浪成因不能科学解释而所做的猜想。下面，咱们去科学认识一下巨浪吧。

无风不起浪

从科学的角度来看，大海发怒其实是一种自然现象，这就是我们常说的海啸。从字面上解释，“海啸”的意思是海水发出的呼啸，而大海能够发出如此大的声音，只有巨浪才能做到，所以一般情况下，我们所说的海啸就是巨浪，而巨浪就是海啸。

全球有记载的破坏性海啸大约有二百六十次，平均六七年便会发生一次。海啸可分为四种类型，即由台风引起的风暴潮、火山爆发引起的火山海啸、海底滑坡引起的滑坡海啸和海底地震引起的地震海啸。这四种海啸中，火山海啸和滑坡海啸出现的频率不高，所以本书中我们着重介绍台风引起的风暴潮和地震海啸。

咱们先来看看风暴潮。俗话说无风不起浪，狂暴的大风刮起来，往往会在海面上掀起猛烈的风暴潮。有人把风暴潮称为“风暴海啸”或“气象海啸”，在中国的历史文献中，也将这种现象称为“海溢”“海浸”和“大海潮”，并把风暴潮灾害称为“潮灾”。最大的风暴潮，可以在海面的上千千米范围内掀起巨浪，即使是最小的风暴潮，也可以在几十千米范围内兴风作浪。

上面我们已经说过了，风暴潮主要是台风引起的。顾名思义，台风是一种狂暴无比的大风，它是高温高湿的空气疯狂旋转形成的大风暴。在不同的地区，台风有不同的名字：在东亚和东南亚，人们叫它“台风”；在欧洲和北美一带，人们叫它“飓风”；在孟加拉湾地区，它被称作“气旋性风暴”；而在南半球，人们干脆叫它“气旋”。台风在卫星云图上的模样，很像一个巨大的旋转车轮。这个转动的大怪物，不但能带来猛烈无比的风暴，而且会在海上掀起恐怖的巨浪，给航海带来灾难。

关于台风的成因和威力，我们会在下面的章节中重点介绍。在这里，简要介绍一下引发风暴潮的帮凶——天文大潮。

天文大潮是指太阳和月亮引潮合力的最大时期之潮。你可能会觉得奇怪：太阳和月亮离地球那么远，关人家什么事呀？我们都知道，海水有一种周期性的涨落现象，到了一定时间，海水迅猛上涨，达到高潮；一些时间过后，上涨的海水又自行退去，留下一片沙滩，出现低潮。如此循环往复，永不停息，海水的这种运动现象就是潮汐。潮汐形成的动力，就来自太阳和月亮的引力，特别是当它们和地球处于一个合适的位置时，太阳引力和月亮引力便会形成“双剑合璧”之势，从而引发天文大潮。世界最大的天文大潮奇观，是浙江的钱塘江大潮。每当大潮来临时，巨浪汹涌澎湃，气势雄伟，潮声震天动地，如千军万马，横江翻腾。潮头一般高 1～2 米，最高达 5 米以上，并以 5～7 米每秒的速度浩浩荡荡向上游挺进，势如破竹，蔚为壮观。明代文学家张舆曾为它写下了这样的诗句：“罗刹江（即钱塘江）头八月潮，吞山挟海势雄豪。六鳌倒卷银河阔，万马横奔雪嶂高。”

天文大潮在一般情况下不会引发灾害，但如果天文大潮出现时，恰好遇到台风登陆，它就会成为台风的帮凶，引发可怕的风暴潮。如 1992 年 8 月 28 日至 9 月 1 日，当年第 16 号台风从中国东部沿海登陆时，刚好遇到天文大潮，两股能量叠加在一起，形成了特别可怕的风暴潮，使我国东部沿海发生了自 1949 年以来影响范围最广、损失非常严重的一次风暴潮灾害。潮灾先后波及福建、浙江、上海、江苏、山东、天津、河北和辽宁等省、市。巨浪、大风、暴雨从南边的福建东山岛，一直席卷到辽宁省沿海，近万千米海岸线受到不同程度的袭击，受灾人口达 2000 多万，死亡 194 人，被毁坏的海堤达 1170 千米，受灾农田 193.3 万公顷，直接经济损失达 90 多亿元。

台风身世之谜

说完了天文大潮，咱们言归正传，继续介绍引发风暴潮的罪魁祸首——台风。

台风是我们熟悉的一种自然灾害。台风来临时，狂风呼啸，暴雨倾盆，巨浪滔天。居住在海边的人们，每当收到台风警报，都不得不提前做好防灾准备。

台风如此厉害，它是怎么形成的呢？

首先，我们一起去看看台风的“老家”。台风来自广阔无垠的洋面上。全球台风主要发生于 8 个海区。其中北半球有北太平洋西部和东部、北大西洋西部、孟加拉湾和阿拉伯海 5 个海区，而南半球有南太平洋西部、南印度洋西部和东部 3 个海区。全球每年平均可发生 62 个台风，大洋西部发生的台风比大洋东部发生的台风多得多，其中以西北太平洋海区为最多（占 36%以上），而南大西洋和东南太平洋至今尚未发现有台风生成。西北太平洋台风的源地又分三个相对集中区：菲律宾以东的洋面、关岛附近洋面和南海中部。

在台风“老家”的海面上，太阳像一个炽热的大火球，它不停地为海洋加热，使得海洋里的水不断蒸发变成水汽。大量又湿又热的水汽飘在空中，就像成千上万颗威力无比的定时炸弹。由于海洋上面某一个地方的空气受太阳照射时间长，空气受热上升，周围温度相对较低的冷空气就会流过来填补热空气上升后留出的空位，这样，就形成了一个旋转的气团，它便是台风的“雏形”。这个幼小的“婴儿”在地球自转的带动下，“旋转”的速度越来越快，力量越来越强，最终，小台风成年了，形成了威力巨大的台风。

每个台风都有自己的名字，如果经常看天气预报，你会听到“艾伦”“天兔”“蝴蝶”等台风名字。你知道台风名字是怎么取的吗?

人们对台风的命名始于20世纪初。在国际统一命名规则出台以前，有关国家和地区对出没当地的热带气旋叫法不一，同一个台风往往有几个称呼，因此常常造成混乱。据说，首次给台风命名的人，是20世纪早期的澳大利亚气象预报员克里门兰格，他把自己不喜欢的政治人物的名字，统统安到了台风头上。这一发泄内心不满的做法，让他成了给台风取名的祖师爷。

在西北太平洋地区，正式以人名为台风命名始于1945年，开始时只用女人名，后来遭到了女权主义者的反对，于是从1979年开始，用一个男人名和一个女人名交替使用。1997年11月25日至12月1日，在香港举行的世界气象组织（WMO）台风委员会第30次会议决定，西北太平洋和南海的热带气旋采用具有亚洲风格的名字命名，并决定从2000年1月1日起开始使用新的命名方法。

按照这一决定，命名表共有140个名字，分别由世界气象组织所属的亚太地区的柬埔寨、中国、朝鲜、中国香港、日本、老挝、中国澳门、马来西亚、密克罗尼西亚、菲律宾、韩国、泰国、美国以及越南14个成员提供，以便于各地人民防台抗灾，加强国际区域合作。

这套由世界气象组织所属亚太地区14个成员提出的140个台风名称中，中国提出的10个名字分别是龙王（后被“海葵”替代）、悟空、玉兔、白鹿、风神、海神、杜鹃、电母、海马和海棠。

有趣的是，当某些台风造成了巨大损害或世界气象组织命名成员提出更换名称时，这些台风名就会被弃用而打入黑名单中。如2009年8号台风“莫拉克”造成中国台湾、福建、浙江、江西等省遭受重大损失，这个台风就遭到了除名，至今人们仍没有给它取正式的“学名”。

台风眼的秘密

台风到来时，狂风猛吹，暴雨倾盆，但在它的中心位置，天气却出奇的晴好，既无狂风亦无暴雨，天上仅有少许薄云，白天能看到金灿灿的太阳挂在空中，夜晚则能看见满天星斗。这是怎么一回事呢？

台风的中心位置也叫台风眼。如果我们对一个发展成熟的台风进行“解剖”，你就会发现，台风的“身体”是由三部分构成的。第一部分是外圈，又称为大风区，范围自台风边缘到涡旋区外缘，半径为200～300千米，外圈的风力可达6级以上，越向中心靠近，风速越大；第二部分是中圈，又称为涡旋区，范围从大风区边缘到台风眼壁，半径约100千米，这部分是台风中对流和风、雨最强烈区域，破坏力也最大；第三部分是内圈，又称为台风眼区，半径为5～30千米，这个区域多呈圆形，像一只圆溜溜的眼睛，这里风速很小，有时甚至会出现静风现象。

台风眼是怎么形成的呢？如果你留心观察抽水马桶排水的现象，就会明白其中的原理了。当你按下抽水马桶上的按钮时，马桶内的水便会旋转形成一个旋涡，旋涡中心往往是空的。台风眼的原理与此相近。我们知道，台风是一团高速旋转的空气，当台风内的风按逆时针方向吹动时，便会使中心空气发生旋转，旋转时所产生的离心力，与向中心吹入的风力互相平衡抵消，因此强风便不能再向中心聚合，从而形成了台风中心数十千米范围内无风的现象。

在台风眼内，由于空气下沉增温，因此这里的天气出奇的晴好。1976 年 7 月的一天，在加勒比海面上生成的台风将一艘货船推到浪尖，最后将货船打翻，船上的人员落水后，却奇迹般地全部获救。拯救他们的，不是万能的上帝，也不是喜欢救人的海豚，而是台风眼——就在这些船员在海中精疲力竭、奄奄一息时，狂风暴雨突然停止了，天空晴朗，微风习习，更幸运的是，眼前出现了一座小岛。原来，他们在生命的最后关头幸运地被卷到了台风眼中，从而逃过了生死大劫。

专家指出，台风眼内的天气虽然晴好，但由于台风移动很快，因此台风眼也在移动。很多时候，当台风眼通过某地时，那里的人们常常误认为台风已过去，其实根本不是那么回事，大约二三十分钟之后，狂风暴雨又将再度出现。专家还指出，台风眼内虽是好天气，但由于台风中心的气压和四周比起来降得特别低，因此海上的浪潮十分汹涌，所以，即使身处台风眼内，也要格外小心巨浪。

台风秀肌肉

台风是一个力大无比的家伙，它的力气到底有多大呢？

咱们还是让它与龙卷风比一比吧。龙卷风是赫赫有名的大力士，它能拔起大树、掀翻车辆、摧毁建筑物、卷走人和动物。不过，与台风相比，龙卷风就只能示弱了。一个普通台风的直径，相当于一个大型龙卷风的2000倍，它携带的水汽相当于上百亿吨水，蕴藏的能量相当于成千上万颗小型原子弹，其影响范围可以达到数千千米。

说一个具体的事例吧：1980年8月5日，在西非洋面上生成的台风“艾伦”掀起巨浪，将一艘五百多吨重的货船推到了三层楼那么高的浪尖上，持续近一个小时，船上的人们都身不由己地在海中“飞翔”。最后货船被打翻，船上的船员全部落水——其实，不要说五百多吨的货船，就是上万吨的巨轮，听到台风警报后，也要早早地躲避起来。

风力是衡量台风的最主要标准，一个台风从“诞生”到长成“大人”，其风力是依次递增的。台风刚刚在海面上“降生”时，底层中心附近的最大平均风速为10.8～17.1米/秒，换算成风力为6～7级，这时它的名字叫“热带低压”。在大海的“哺育”下，“热带低压”迅速成长，当底层中心附近最大平均风速达17.2～24.4米/秒（即风力8～9级）时，它就进入了“童年期”，这时它的名字叫“热带风暴”；“热带风暴”继续成长，进入少年时代后，名字便变成了“强热带风暴”，这时它底层中心附近最大平均风速达到了24.5～32.6米/秒（即风力10～11级）。“强热带风暴”很快便进入了精力充沛、脾气暴躁的

“青年期”，这时它的名字变成了“台风”。台风底层中心附近最大平均风速达到了可怕的32.7～41.4米/秒（即风力12～13级）。如果能量充沛，继续发展下去，便会成为强台风，此时它底层中心附近最大平均风速可达41.5～50.9米/秒（即风力14～15级）。强台风若进一步加强，便是恐怖的“超强台风”了，它底层中心附近最大平均风速大于51.0米/秒（即风力16级或以上）。强台风和超强台风一旦出现，都会在海面上掀起可怕的巨浪，它们登陆后，往往给人类带来重大的灾害损失。

综观全球，台风造成的巨大灾难数不胜数。据统计，世界历史上一次造成死亡人数5000人以上的台风至少有20次，其中有7次以上死亡人数达到了10万人以上。这是多么触目惊心的数字！

在中国，不仅沿海地区饱受台风侵袭之苦，而且内陆很多省份也会遭遇台风灾难。1989年至1994年的5年间，中国因台风侵袭，农作物受灾面积达270多万公顷，房屋倒塌38万多间，死亡人数近700人，直接经济损失近两个亿。2008年4月18日22时，台风“浣熊”在中国海南省文昌市龙楼镇登陆，全省普降大暴雨，截至4月19日11时，台风共造成海南省131.38万人受灾，农作物受灾面积达36.42千公顷，损坏房屋550间，直接经济损失达3.37亿元。2013年9月中旬，被西方媒体形容为“怪兽风暴”的最强台风“天兔”肆虐菲律宾、中国东南沿海等地，截至9月26日，“天兔”便造成广东近千万人受灾、30人死亡、17万公顷农田受灾。

不过，与最惨烈的台风灾害相比，这些台风造成的灾害还不值一提。在全球风暴灾害史上，有几次灾害的死亡人数可谓触目惊心。1737年，“加尔各答”飓风袭击印度，造成约30万人死亡；1970年11月12日，飓风以高达240千米/时的速度席卷孟加拉国，造成30多万人死亡，这是20世纪世界上最大的飓风灾难；1991年4月29日，孟加拉国遭受飓风袭击，受灾居民达1000万人，死亡人数约13.8万人；2005年8月下旬，罕见飓风“卡特里娜”重创美国南部新奥尔良等市，造成上千人死亡，百万人流离失所，经济损失高达1000亿美元，这是美国历史上造成惨重损失的自然灾害之一。

海啸发动机

说完风暴潮的制造者台风，咱们再来认识地震海啸。

长期以来，地震海啸都是最可怕的自然灾害之一，在认识地震海啸之前，咱们先弄清它和风暴潮有何区别。

你可以做一个小小的实验：放一盆清水在地上，然后在水盆里放上一只小纸船，先用一个小风扇对着水盆吹，这时你会看到盆里溅起小水花，小纸船随着水花轻轻颤动；把小风扇拿走，用双手摇晃水盆，你会看到整个盆中的水都动荡起来，小纸船晃动得十分剧烈。

在这里，小风扇吹动水花，与台风掀起巨浪的原理相同；而你用手摇晃水盆，便相当于海底发生了大地震，这个力量使得整个盆中的水都晃动起来——从这个实验你就可以得出这样的结论：地震引发的海啸，其能量远比台风引发的风暴潮大得多。事实上，台风引发的风暴潮只能在海洋表面上卷起高度 3 米以上的海浪，它不能撼动海洋深处的水；而地震引发的海啸却能深入海洋底部，就像有一柄巨大的汤勺，把整个海洋都搅动了，因而地震海啸的破坏力更加巨大，远非台风所能比拟。

那么，地震是如何引发海啸的呢？地震海啸，通常是由震源在海底下 50 千米以内、里氏震级 6.5 以上的海底地震引发。从海啸形成的原理来说，地震就好比是海啸的发动机，当海底地震发生之后，海底地形急剧升降变动引起海水强烈扰动，震荡波在海面上以不断扩大的圆圈，传播到很远的岸边。这就像石块掉进浅池里，产生一圈一圈不断扩大的水波一样。

海底发生地震时，那里地形急剧变动的情形可分为两种类型。

第一种类型称为“下降型”，指地震引起海底地壳大范围急剧下降，海水先是向突然错动下陷的空间涌去，当它们在海底遇到阻力后，随即翻回海面产生压缩波，从而形成长波大浪，并向四周传播与扩散——如果你不明白其中的原理，可以亲手做一个小实验：在一个透明的玻璃缸内放上一块石头，石头上拴一根细线，然后把水缸注满水；突然拉动细线，将石头拉倒（注意不要砸坏缸底）。这时你仔细观察，就会看到水面上漾起一圈圈水波——“下降型”海啸就是这样产生的。

这种下降型地壳运动形成的海啸，在海岸边会有明显的征兆，这就是异常的退潮现象。像 2004 年印度洋大海啸就出现了这种征兆。此外，1960 年 5 月的智利大海啸，也出现了这种现象：大震之后，海水忽然迅速退落，露出了从来没有见过天日的海底，大量的鱼、虾、蟹、贝等海洋动物，在海滩上拼命地挣扎，之后大约过了 15 分钟，海水又骤然大涨，瞬间波涛汹涌，巨浪翻卷着滚滚而来，以摧枯拉朽之势，越过海岸线，越过田野，迅猛地袭击了智利和太平洋东岸的城市和乡村。

第二种类型称为“隆起型”，指地震引起海底地壳大范围急剧上升，海水也随着隆起区一起抬升，并在隆起区域上方出现大规模的海水积聚。在重力作用下，海水必须保持一个等势面以达到相对平衡，于是海水从波源区向四周扩散，从而形成汹涌巨浪——这就如同咱们在平静的水缸里突然放入一块石头，水面的平静也会瞬间被打破而出现波纹一样。

这种隆起型的海底地壳运动形成的海啸波，在海岸首先表现为异常的涨潮现象。1983 年 5 月 26 日，日本海 7.7 级地震引起的海啸就属于此种类型。当时地震发生之后，海岸附近的海水突然像沸腾了一般，人们还没回过神来，数米高的巨浪已经越过海岸，直接向内陆扑来，造成了较重的灾害。

堪比飞机快

地震海啸一旦形成，就会以极快的速度向海岸边推进。一般来说，地震发生的地方海水越深，海啸速度越快。为什么会这样呢？这是因为海水越深，海底变动致使涌动的水量越多，也就是说，整个海底都像沸腾了一样，海水争先恐后地向岸边涌去，所以，巨浪在海面移动的速度也就越发快了。

海啸的速度有多快？打个比方，如果发生地震的地方水深为 5 千米，那么海啸的速度可达 800 千米/时。你可以想想，巨浪以这么快的速度直冲海岸，如果沿海地区又没有建立海啸预警系统，那会给当地造成多么大的灾难！事实上，2004 年的印度洋海啸之所以造成巨大灾难，就是因为巨浪速度太快，而沿海各国又没有建立海啸预警系统，巨浪迅速冲到眼前，人们已来不及逃跑了。

海啸在深水中跑得快，但到了浅水里，由于涌动的水量减少，它奔跑的速度便大大降了下来。有人计算过，如果是在 10 米深的水中，海啸的速度仅为 40 千米/时。

不过，你可别被海啸的“慢三步”忽悠了。因为海啸形成的巨浪是一波接着一波的，前浪在近海放慢速度时，后浪会很快赶上来，当两个浪头重叠在一起时，到达岸边后掀起的巨浪更高，造成的危害更大。所以，看到巨浪在海平面上出现，哪怕它跑得再慢，也要赶紧往高处跑。

除了跑得快，地震海啸还有一个特点，那就是跑得远。海啸惯于长途偷袭。当某一个地区发生地震海啸后，即使离它很遥远的地方，也可能会遭到巨浪袭击。如 1960 年 5 月 22 日，南美洲的智利因大地震形成海啸，巨浪除了在智利造成重大灾难外，还以 700 千米/时的速度，横扫了西太平洋岛屿。它在夏威夷肆虐一番后，继续越洋过海，不到1天的时间，便走完了大约1.7万千米的路程，跨越了广阔无垠的太平洋，到达了另一端的日本列岛。海啸的余威不仅使日本遭受巨大灾害，与日本相邻的俄罗斯、中国、菲律宾等国家也受到了不同程度的影响，有的损失还十分惨重。如在俄罗斯的堪察加半岛和库页岛附近，涌起的巨浪达6～7米，致使沿岸的房屋、船只、码头、人员等遭到不同程度的损坏和伤亡。在菲律宾群岛附近，巨浪也高达7～8米，沿岸城市和乡村居民遭到了同样的厄运。中国沿海由于受到外围岛屿的保护，受这次海啸的影响较小，但在东海和南海的验潮站，都记录到了这次地震海啸引发的汹涌波涛。

海啸为何在长途跋涉后仍能造成巨大灾难呢？原来，海啸波属于海洋长波，它一旦在源地生成，在无岛屿群或大片浅滩、浅水陆架阻挡的情况下，一般可传播数千千米而能量衰减很少，因此可能造成数千千米之遥的地方也遭受海啸灾害——人们把这种跨越大洋或从很远地方传播来的海啸称为越洋海啸。

惊人破坏力

地震海啸的破坏力是十分惊人的。海啸掀起的惊涛骇浪，高度可达十多米至几十米不等，这种巨浪就像“水墙”一样，其蕴藏的能量十分惊人，“水墙”一旦冲上陆地，就会造成巨大的生命和财产损失。

还是举两个事例吧。前面所说的1960年5月智利大海啸，其破坏力便骇人听闻。当时海啸波以几百千米每时的速度横扫了太平洋沿岸，把智利的康塞普西翁、塔尔卡瓦诺、奇廉等城市摧毁殆尽。当海啸到达夏威夷时，巨大的水浪冲击力，将夏威夷群岛希洛湾内护岸砌壁一块重约 10 吨的巨大玄武岩块翻转，并抛到了 100 米之外。此外，希洛附近的一座钢质铁路桥也被推离了桥墩 200 多米。2004 年 12 月 26 日凌晨，印度洋底发生 9 级大地震，强大的震波猛烈撞击海水，形成了一系列惊涛骇浪。几个小时内，印度洋沿岸的印度尼西亚、斯里兰卡、泰国、印度、缅甸、马来西亚等 12 个国家先后遭到海啸袭击，甚至遥远的东非索马里和坦桑尼亚，也受到了巨大海浪的冲击。这次海啸灾难造成近 30 万人死亡，它是世界近 200 年来死伤最惨重的海啸灾难。

由此可见，海啸的破坏力是多么惊人！

放眼世界，全球各大洋都有地震海啸发生，但以太平洋最多，发生在环太平洋地区的地震海啸占全球地震海啸的百分之八十左右，这其中，日本列岛及附近海域的地震海啸又最多，占太平洋地震海啸的百分之六十左右，其次是地中海、大西洋、印度洋。据统计，1900 年至 1983 年，太平洋周边地区共发生 405 次海啸，其中以日本次数最多，所受灾害最严重。

最近几年发生的地震海啸破坏性极大。如发生于 2011 年 3 月 11 日，由日本里氏 9.0 级地震引发的海啸。截至当地时间 2011 年 3 月 25 日上午 11 时，日本警察厅公布这次特大地震及海啸造成的死亡人数达 10 035 人，另有 17 443 人失踪，2775 人受伤。

近一百多年来，死亡人数过千的大海啸还有六次，它们分别是：

1. 1908 年 12 月 28 日，意大利墨西拿地震引发海啸，在近海掀起高达 12 米的巨浪，遇难者高达 82 000 人，这是欧洲有史以来死亡人数最多的一次灾难性地震海啸。

2. 1933 年 3 月 2 日，日本三陆近海地震引发海啸，震级 8.9 级，引发海啸浪高 29 米，死亡人数约 3000 人。

3. 1959 年 10 月 30 日，墨西哥海啸引发山体滑坡，死亡人数约 5000 人。

4. 1960 年 5 月 21 日至 27 日，智利沿海地区发生 20 世纪震级最大的震群型地震，引起的海啸浪高 25 米，造成约 10 000 人丧生。

5. 1976 年 8 月 16 日，菲律宾莫罗湾海啸造成约 8000 人死亡。

6. 1998 年 7 月 17 号，非洲巴布亚新几内亚海底地震引发 49 米巨浪海啸，约 2200 人死亡，数千人无家可归。

海啸灾难触目惊心，我们每个人都应该掌握巨浪逃生的基本知识！

巨浪来临
前兆

“台母”通风报信

咱们先看看台风来临前都有哪些征兆。

台风来临前，天上的云有时会“通风报信”。不信，一起来看看下面这个事例。

1998 年 8 月的一天早晨，福建省厦门市附近的一个渔村里，六十多岁的陈阿伯正在自家的鱼塘里给鱼喂食。陈阿伯年轻时靠打鱼为生，在大海里与风浪搏斗了大半辈子，后来年纪大了不便出海，便承包村里的鱼塘养起了鱼。

给鱼儿喂过食后，陈阿伯悠闲地坐在鱼塘前，一边眺望大海，一边“吧嗒吧嗒”地抽起了旱烟。这天的天气晴好，太阳正从海天相接的地方慢慢升起，金灿灿的霞光洒满整个海滩，看上去美不胜收。抽了几口烟后，陈阿伯习惯性地抬头向天上看去，这一看不打紧，他的眉头不由自主地皱了起来。

“阿伯，你在看什么呢?”一个二十来岁的年轻人从鱼塘边经过，见陈阿伯望着天空发愣，不禁好奇地问。

“不得了，看样子台风要来了。”陈阿伯担忧地说，“这次的台风一来，村里的鱼塘恐怕又要遭殃了。”

“台风要来了?”年轻人不以为然地说，“气象局都没发预报呢，你是怎么知道的?”

“看看天上就知道了。”老陈指了指东方的天边。

年轻人往天上看去，只见东方的天边散布着一些如乱丝一般的云，这些云从海平面延伸过来，像扇子般铺展在大海和天空之间，在金黄色的太阳光映射下，这把“大扇子”流光溢彩，显得格外美丽。

“天上没什么异常啊。”年轻人不解地说，“那些不过是普通的彩霞而已。”

“你们年轻人一直在城里打工，没经历过多少台风……实话告诉你吧，这种彩霞就是台母，它一出现，十有八九就会来台风。”陈阿伯耐心地解释，“我在海上干了一辈子，见的台风可多了，我们那时特别怕的就是早晚看到台母出现……”

“这就是台母?”年轻人有些吃惊。

正说着，村里的广播响了起来：“根据气象局通知，未来两天将会有台风登陆，请大家提前做好防灾准备!”

“陈阿伯，你可真神了!”年轻人不由得跷起了大拇指。

两天后，台风果然从厦门登陆，不过，由于村民们早有准备，灾害损失被降到了最低限度。

上述的事例中，陈阿伯提到了一个鲜为人知的词语：台母。那么，台母是一种什么样的云？它为什么能“预报”台风呢?

原来，台母是中国福建沿海群众对一种云霞的称谓，从字面上理解，台母就是台风的“母亲”，意思是说，每当这种云霞出现，台风就要来了。

你可能会说，台风是猛烈的大风，它和天上的云怎么会有联系呢。如果你这样想就错了。台风是一个逆时针旋转的大气团，它不但能刮猛烈的大风，而且携带着大量的积雨云一起前进。从人造卫星拍摄的云图上可以看出，台风其实就是一个铺天盖地的大云团，这个云团的中央有一个小小的空洞，就是我们常说的台风眼。

陈阿伯所说的台母，实际上就是气象学上所说的辐辏状卷云，这种云有六七千米高，它一般是坏天气的“前锋部队”。也可以说，它就是积雨云的“母亲”，每当它出现，就预示着铺天盖地的积雨云将会侵袭本地。一般情况下，当台风中心距离海岸五六百千米时，人们便会看到这种云出现，久而久之，居住在海边的人们便总结出了“台母出现，台风就要来”的经验。

如果你在海边看到台母，一定要当心哦!

断虹现，天要变

台母能为人类通风报信，而一种天上的现象——虹也会提前泄漏台风的行踪。

“快看，海上出现了一道奇怪的虹!”1996 年 7 月的一天傍晚，广东省湛江市的几名中学生在海边玩耍时，突然发现海面上的天空中出现了一道怪虹：虹只有半截，仿佛是被谁用刀从中央割去了一半，显得短而滑稽；虹的色彩也不鲜艳，看上去有些模糊。

“断虹现，天要变，台风就要来了，你们快回去吧!”有位好心的渔民劝告。

“为什么断虹出现，台风就要来呢?”学生们觉得好奇。

“这个……我也说不清楚，反正台风要来了，赶紧回去吧。”

学生们回去后，打电话请教了气象专家，终于弄清楚了“断虹现，天要变”的真实含义。原来在台风来临之前，它外围的低空中有大量小水滴，在黄昏时分的落日余晖映照下，小水滴折射阳光，就会形成不完整的断虹。与一般的虹相比，断虹没有常见雨虹的弧状弯曲，色彩也不鲜艳。它的出现往往预示着台风即将来临。

此外，在台风来袭前一两天，沿海的人们有时还会看到一种特殊的晚霞。日落时分，在西方地平线下，有一种放射状的云条会发出红蓝相间的美丽光芒，发射至天顶再收敛于东方与太阳对称之处，人们把此种特殊的晚霞称为反暮光。反暮光出现，也是台风将临的一种预兆。

在中国东南沿海一带，每当台风临近时，人们还会看到天空中出现一种奇怪的现象。早上日出时分，从东方地平线会向上辐射出三五条长长的条纹，它们横贯天穹，颜色呈蓝色或暗蓝色。因为这些条纹看上去像长长的飘带，沿海渔民把它们叫“风缆”，意思是风吹起的缆绳，也有一些地方的渔民认为它们像大扫帚，管它们叫“扫帚云”，并将此作为台风将临的预兆。

“风缆”（或叫“扫帚云”）为什么会“泄漏”台风的行踪呢？原来，这是由于台风区内有许多高耸的对流云带，当台风逐渐接近某地时，大量的积雨云便累积在地平线附近或地平线以下，虽然当地的人们看不到这些积雨云，但阳光却暴露了它们的行踪。早上太阳在地平线下即将升起时，它发出的光被这些成行的积雨云或浓积云单体遮蔽，个别从云缝漏出的阳光经过折射，便形成了横贯天空的蓝色条纹。“风缆”出现的时间一般较短，当太阳从地平线上升起后，阳光穿过积雨云，“风缆”便很快模糊、消失了。

有时候台风来临前，“风缆”和断虹会一起出现。如 2014 年 7 月 14 日清晨，广西钦州市三娘湾上空出现了大量“风缆”，8 时左右，在钦州港中石油厂区上空又出现了半截彩虹，这两种现象一共持续了二十多分钟，正好印证了当年的第九号强台风“威马逊”。13 日 8 时，“威马逊”在菲律宾马尼拉偏东方约 1885 千米的洋面上生成，并以 25 千米/时的速度向偏西方向移动，强度逐渐加强；7 月 19 日，“威马逊”一路向西北移动，穿越北部湾，于上午 7 时许，在广西防城港市光坡镇沿海登陆。虽然气象部门及时发出台风警报，各地提前做好了防范准备，但此次台风还是给广西造成了巨大经济损失。

反常的海陆风

台风之所以会造成巨大灾害，是因为猛烈无比的狂暴大风。不过，你可能怎么也想象不到，台风来临之前，当地一些细微的风向、风速变化，却能提前“泄漏”台风的行踪。

1928 年 9 月 13 日，一艘货轮缓缓从加勒比海的岛国海地出发，准备前往北部的加拿大。

天气晴朗，天空中飘着一些毛丝状的卷云，海面上风平浪静。货轮满载甘蔗、香蕉等当地的土特产，向着广阔无垠的海域驶去。

水手们都站在甲板上，兴致勃勃地憧憬着回家的美好生活。这些水手都来自加拿大，平时基本在本国的海域内航行，很少有出远海的经历，只有船长埃普森是一个大海通，年轻的时候，他曾经以水手身份，多次随船队穿越过太平洋、印度洋、大西洋等辽阔海域。

“船长，快来喝几口!”埃普森刚走到船头的甲板上，几个正在饮酒的年轻人马上站起来，将一听啤酒递了过去。

因为这次出海十分顺利，再加上今天的天气晴好，埃普森心情不错，因此对不值班的水手，他网开一面，同意他们可以饮用啤酒。

“好，那我也喝点吧。”埃普森接过啤酒，一仰脖，整听啤酒便倒进了他的喉咙之中。

“船长好酒量，再来一听？”一个水手又递过来一听啤酒。

“不能再喝了，”埃普森抹了抹嘴，“你们也少喝点吧，等货运到目的地，有你们痛快喝酒的时候。”

在甲板上转悠了一圈后，埃普森准备回到船舱。当他往回走的时候，习惯性地看了一眼架设在船塔上的风向风速仪，很快，他的脚步停了下来。

“船长，风向有什么不对吗？”有个年轻水手大概也看出了埃普森心中的疑惑，于是好奇地问。

“现在风向标指示的方位，表示风是从岸边吹过来的，你没觉得这有点不正常吗？”埃普森反问。

“这能说明什么呢？”年轻水手摊了摊手。

“正常情况下，白天，海上的风应该吹向陆地，而夜间，风则自陆地吹向海上，它们分别叫海风和陆风。”埃普森说，“现在是白天，而风却从陆地吹过来，这种现象不能不引起注意。”

“那现在咱们怎么办？”

“通知舵手，掉转方向，回到港口！”埃普森迅速下达指令。

“我们的船已经开出了这么远，还要转回去呀？”思乡心切的水手们听说货轮要返回港口，纷纷跑来找埃普森询问。

“是的，为了安全起见，我们还是回到港口再说。”

“这是为什么呀？难道疯了吗？”有水手开始抱怨起来。

“大家听着，我是这艘船的船长，我必须对大家的生命负责!”埃普森神情严肃，语气斩钉截铁。

货轮又回到了海地的首都太子港。9月14日下午，来自大西洋西部的强大台风（当地叫飓风）袭击了加勒比海，一时间海上波涛汹涌，暴雨如注，狂风掀起的巨浪打翻了许多船只，许多人葬身大海。而埃普森和他的船员们因回到港口躲避，有幸逃过了一劫。

你可能觉得好奇，为什么台风来临前，海风和陆风会出现反常呢?

有专家认为，台风是一个超级庞大的天气系统，虽然它还未侵入本地，但因为其“势力范围”太大，其潜在威力可能已经影响到了当地的风向风速变化，所以导致海风和陆风反常或不明显。

看“风”识台风

看“风”识台风的不只有老外，在中国东南沿海一带，有经验的渔民也能从风向的转变判断出台风是否接近本地：当风向从西南风转变为东北风时，即表示台风已逐渐接近，并且台风边缘已开始影响当地，此后风速将逐渐增强。

渔民中流传着这样的谚语：“一斗东风三斗雨”，“六月北风，水浸鸡笼”。在这里，“三斗雨”和“水浸鸡笼”都是指台风带来的暴雨。“一斗东风三斗雨”的意思是说东风吹得越厉害，台风带来的暴雨越大；而“六月北风，水浸鸡笼”是说六月吹北风，当地就会下大雨，平地水起，当然会将鸡笼浸泡在水中了。

为什么吹东风和北风，台风都会来临呢?原来，登陆中国的台风，多半来自东南方的广大洋面上。当某地受到台风前半圈外围气流影响时，就常出现西、北、东这三个方位的风向。所以，当地如果出现这三个方位的风向，并且持续半天以上，就要特别小心了，因为这可能是台风将临的征兆。

台风来临之前，有时还会出现一种奇怪的现象，即当地几乎是静风。如浙江的舟山群岛，在受到一些台风侵袭之前，整个海岛上树叶不摇，旗帜低垂，纤尘不染；再看大海上，海水不漾，水波不起，海面平静如镜。到了晚上，一轮明月从海天相接的地方徐徐升起，月至中空，月影倒映在海中，硕大的玉盘清晰可见。不过，你如果被眼前这平静的景象所迷惑，就有可能被随后而来的台风吞噬。

传说，古时有几位诗人来舟山群岛游历，刚好赶上海上无风的日子。当晚，这几位诗人一时兴起，不顾当地渔民的劝告，擅自泛舟在海上游玩。月亮出来后，诗人们饮酒作乐，弹琴作诗，玩得不亦乐乎。尽兴之后，这些才子们才安静下来，并一个接一个地进入了梦乡。到了后半夜，原本平静安详的大海突然变脸，大风“呜呜”地尖叫，海面上风起浪涌，一个又一个的浪头朝船打来。诗人们被惊醒后，面对沸腾般的大海，大惊失色，高声求救。所幸渔民们迅速赶来相救，这些诗人才平安回到了岛上。

经历了这一番惊吓，诗人们终于感受到了台风的无比威力，其中一个诗人写了一首诗来描述台风，其中的一句“海底照月主大风”，可以说正是台风预兆的经验之谈。

听，海吼的声音

台风来临前，如果在海边上留心观察，会听到大海发出的各种声音，有经验的人根据这些声音，就能辨别出台风离本地的远近。

2013年9月中旬，强台风“天兔”在菲律宾海面生成。它一路北上掠过台湾，带来了狂风暴雨。为了躲避台风灾害，台湾有一千多人被迫转移。

在台风抵达台湾前的9月19日，台湾鹅銮鼻附近的海边上，有当地村民便听到了大海发出的声音。

这天下午，一个李姓村民和妻子一起，正在海边的沙滩上忙活着。

“你听，好像有飞机在飞。”李姓村民隐约听到了飞机的声音。

“哪里有啊，我怎么没看见？”妻子抬头望了望天空，天上除了几只海鸟外，连飞机的半点影子都没有。

“可是我明明听到飞机的‘嗡嗡’声了。”李姓村民再一次看了看天空，可是他也没看到飞机的影子。

“声音好像是从大海上传来的。”妻子也听到了“嗡嗡”声。

“莫非是大海发出的声音？”李姓村民猛拍了一下自己的脑袋说：“今天下午气象局已经发布了台风警报，说台风过两天就要到了。”

“那咱们赶紧把渔船拖上岸吧！”妻子着急了。

当天晚上，大海发出的吼声更加清晰，村里的许多人都听到了。有人觉得像远处飞机发出的声响，有人觉得像海螺号角，更有甚者，觉得那声音像远方的雷声在回旋……

村民们听到的这些声音，就是台风来临前的一种现象——海吼。

海吼也称为海响或海鸣，它一般在台风来临前出现。海吼的声音越大，表明台风离本地的距离越近；如果海吼的声音减弱，则说明台风已经渐渐离去。

海吼现象在浙江的舟山群岛上表现得更加明显。在岛上，有一个面临大海的岩洞，这个洞“预报”台风十拿九稳。岛上的人们要出海打鱼，都要到这个洞口来“探探”风声，如果洞里没有什么声响，就可以放心大胆地出海；若洞里发出“呜呜”“轰轰”的声音，则表明台风要来了，人们只能躲在家里。这个岩洞能“预报”台风的秘密是什么呢？据专家考究，这是因为在台风来临前，大海上发出的声音传进岩洞时，就会在洞内激起回声反应，从而将海吼的声音放大，当地人只要听到岩洞发出响声，就知道台风要来了，于是赶紧采取防台风措施。

那么，海吼到底是怎么回事呢？要弄清原因，咱们得先去认识台风的另一个“脸谱”——长浪。

长浪又称为涌浪，它是从台风中心传播出来的一种特殊海浪。这种浪的“脑袋”圆圆的，浪头通常只有一二米高，浪头与浪头之间的距离比较长，而普通海浪则是“尖脑袋”，浪与浪之间的距离也很短。当台风还在较远的海洋面上时，在海边就能看到长浪持续不断地涌来。长浪“体形”浑圆，声音沉重，节拍缓慢，它们每小时能“跑”70～80 千米。

别看长浪外表“温柔”，一旦靠近海岸，它们就会凶相毕露：圆形的浪头一下变成滚滚碎浪，使得海岸边的水位升高，海面上波涛汹涌。随着时间流逝，长浪越来越猛，便预兆着台风在迅速逼近。

好了，咱们现在回过头来说海吼。弄清了长浪的“身份”，海吼的成因就很简单了：海吼其实是长浪撞击海岸山崖时发出的吼声，只不过这些吼声经过层层传播，在远处听来就变成了类似飞机的“嗡嗡”声和海螺号角声了。

忽明忽灭的“海火”

台风到来时，往往会掀起巨浪，将大海表面搅得翻天覆地，海中的动物们也面临着生死考验。

那么，台风来临前，动物们能否提前“预报”台风呢？

“看，海面上有光！”2009 年 6 月的一天晚上，一群游客在海南省三亚市的海滩上散步时，一名眼尖的游客突然指着海面叫了起来。

没错，海面上确实有星星点点的亮光，光点不停闪烁，忽明忽灭，时浮时沉，看上去十分诡异。

“奇怪了，这些光点是怎么回事？”大家站在海滩上议论，感到既新鲜，又好奇。

“你们别看啦，海火出现，台风就要来了。”一个当地人说，“你们赶紧回去吧！”

“海火？海火和台风有什么关系？”游客们迷惑不解。

“海火也叫浮海灯，每当台风要来时，它就会出现在海面上——你们等着瞧吧，要不了三天，台风就会来到这里。”

“您还是没告诉我们海火是一种什么东西，它为什么能预报台风呢？”游客们七嘴八舌。

“具体是什么我也不太清楚，不过，我听老人们讲过一个故事。很久很久以前，我们这里有一个打鱼的后生，他聪明勇敢，经常一个人驾船到深海打鱼，而且每次都满载而归。这下龙王可不愿意了，它担心后生把海里的水族都打捞完。于是有一天，它趁后生又到海里打鱼时，搅起狂风，掀起大浪，眼看就要将后生的船打翻了。形势万分危急，后生急得团团转，却一点办法也没有。就在这时，海面上忽然星光闪烁，紧接着天空中出现了一道美丽的彩虹，很快，大海变得风平浪静，船保住了，后生也得救了!”

“是谁救了后生?”游客们听得津津有味，有人忍不住发问。

“救后生的人是海神妈祖，她见后生快要被巨浪吞噬，于是从天上抓了一把星星撒到海里，龙王被星光迷了眼睛，只得狼狈地逃了回去。龙王一撤走，大海自然就风平浪静了。”当地人说，“为了防止龙王再来报复后生和其他打鱼人，每当龙王在深海中掀起巨浪时，妈祖便会把星光撒到海面上，以此来提醒大家千万不要出海!”

“这个传说真美啊，可海火究竟是什么呢?”游客们还是没能知道真正的答案。

是呀，海火究竟是什么?还是让专家来告诉你吧。原来，海火其实是一些发光的浮游生物，比如磷虾、夜光虫、角藻、磷细菌等，此外，还包括一些寄生有磷细菌的鱼类。这些浮游生物都生活在海水的表层，大多在温度较高的时候繁殖。台风来临前，气温往往较高，海水的温度也跟着升高，因此这些浮游生物便聚集在温度高的海面上繁殖，所以常常出现“海火”现象。

专家同时也指出，夏天天气炎热，正是海面上浮游生物繁殖的盛期，有时没有台风袭来，夜晚也会看到海上闪烁的亮光。因此，不能一见到海发光，便认为将有台风侵袭，还要参考其他征兆，才能准确判断。不过，当你在海面上看到海火出现时，还是要提高警惕。

受惊的鱼儿

台风来临前，海中的鱼儿也会躁动不安，并出现上浮的现象。

2010 年 9 月，10 号台风“莫兰蒂”袭击中国东南沿海一带。在台风来临前，福建石狮附近的海面上，出现了令人惊讶的一幕。一些鱼奋不顾身地跃出水面，大概是鱼的体重不轻，鱼下落时还溅起了阵阵水花。

“快去钓鱼啊!”附近有人看到活蹦乱跳的鱼儿，赶紧抄起鱼竿去钓鱼。

鱼一条接一条地被钓了起来，而这时海面上的风也越来越大，海浪也跟着汹涌起来。

“台风来了，还不快撤!”有人大声疾呼，钓鱼者赶紧离开了海岸。

无独有偶，2014 年 6 月 14 日下午，厦门市环岛路台湾民俗村对面的海滩上，出现了一幕奇异的景致。成千上万条小鱼疯了似的，奋不顾身地跳上沙滩，不一会儿，沙滩上便铺上了一层厚厚的小鱼。见鱼儿主动送上岸来，众多游客和附近居民纷纷跑到沙滩上争相捡鱼。不过，也有人怀疑这是灾难即将来临的象征，有人将此现象拍成视频发到网上，引起了网友们的极大关注。后来，专家出面解释，大家才知道这是台风来临的征兆。

台风临近时，鱼儿为何要上浮呢？有专家分析，这主要是因为在台风风浪的驱使下，鱼儿无处可逃，只好游到近海来。也有的专家认为，这可能是台风制造的低频风暴声波在起作用。这种声波虽然人的耳朵听不见，但海中的某些鱼虾却可以感觉到，它们因而受惊骚动，四处流窜。还有人认为，这是因为台风来临时，其势力范围内的气压明显下降，导致海水中的含氧量减少，鱼儿呼吸不畅，只好浮到海面上来了。

有时台风来临前，一些大型的海洋生物，如海豚、鲸等也会随海流来到浅海，有些鲸甚至会迷失航向，危及生命。如 2008 年 9 月 13 日上午，在浙江温州市灵昆岛的滩涂上，一条长约 2.5 米、重约 350 千克的鲸，因为强台风“森拉克”的影响，迷失航向而搁浅了。它直接冲上滩涂，尾部被锋利的岩石划了一条伤口，生命岌岌可危。发现受伤的鲸后，武警温州边防支队灵昆边防派出所官兵迅速展开营救，和当地群众一起将搁浅的鲸送归了大海。2007 年 10 月 7 日，因为台风迷失航向，一条长 6 米、重 2 吨的蓝须鲸也搁浅在福建省长乐市湖南镇附近的沙滩上，腹部被擦伤。为了将它放回大海，当地村民、解放军战士共六十多人先后赶到海滩。大家想尽了各种办法，最后，人们把帆布铺在沙滩上，站在鲸的一侧合力推，将整个儿鲸推到帆布上裹起来，然后步调一致、小心翼翼地扛着鲸往海里走。直到海水淹到人们的腰部位置，大家才打开帆布，鲸身子一扭，嗖地一下便顺着海水游走了。此时，距离台风登陆的时间已经所剩无几了。

在台风来临前，有时还可发现一些上浮的深层鱼类、底栖生物，如海蛇浮上海面缠结成团等。这些现象出现后，都应引起高度重视，并要积极采取防灾避险措施。

赶不走的鸟儿

我们都知道，大海上生活着成千上万的海鸟，它们可都是反应灵敏的精灵哦。

台风来临前，这些精灵有何反应呢?

1995年10月1日，一艘船只穿行在墨西哥湾的浩渺海面上。早在三天前，在墨西哥的尤卡坦附近海面上，“诞生”了一个新的恶魔——“奥帕尔”台风。它一出生，便以极快的速度成长，到9月末，“奥帕尔”已经升级为热带风暴。

虽然还未成年，但“奥帕尔”已经显露出了它凶恶残暴的本性，它一边成长，一边作恶，墨西哥湾周边一带的国家，都严密监视着这个台风的一举一动。

如同其他台风来临前一样，这天的天气很好，风也很温柔，海面上显得很平静，只有一些小碎浪轻轻拍打着船舷，让人丝毫感受不到台风来临前的紧张。

“船长，咱们能赶在风暴来临前到达港口吗?”大副有些担心地问。

“应该没问题，再说了，现在那个风暴还没成形，”船长一脸自信地说，“我刚才收听了广播，据气象专家分析，它有可能会成长为台风，也有可能长不大便消亡在海上了。”

船只劈波斩浪，快速平稳地行驶在海面上，按照这一航行速度，不出两天就能到达港口。即使台风两天后登陆港口，船上的人们那时也已经安全了。

船又往前行驶了一段距离，突然海面上传来一阵“叽叽叽叽”的嘈杂声音。声音近了，原来是一大群鸟儿从海天相接的地方飞了过来。这些鸟大部分是海鸥，它们一边飞，一边惊慌地鸣叫着，似乎受到了什么惊吓。

还未等船上的人们明白过来，海鸟已经从天空飞落，“轰”的一声扑到了船上。它们有的站在船桅上，有的站在舱盖上，还有的干脆落在了甲板上。

这些鸟儿看上去都疲惫不堪，仿佛已经飞行了很久很久，更奇怪的是，它们都不害怕人，尽管与船上的工作人员相距很近，有的工作人员甚至故意走近去吓唬，但它们丝毫没有飞走的意思。

“这些鸟儿怎么啦?”大家被眼前的一幕惊呆了。

“它们应该是从很远的海面飞来的，而那里，可能正是风暴的中心。”船长沉吟了一下，缓缓说道，“鸟儿们拼命逃离了那个地方，说明那里的风暴已经加强，或者已经成长为台风了。”

“那怎么办?”大副问道。

“如果风暴成长为台风，那么它前进的速度就会加快，而且极有可能追上咱们。”船长的脸色显得很严峻，“看来，咱们必须先找个最近的港口，把台风避开之后再说。”

于是，船只载着一大群海鸟，向最近的一个港口驶去。到了海岸边，海鸟们一下全从船上飞了起来。它们绕着船，依依不舍地飞了两圈，这才鸣叫着向内陆方向飞去。

仅仅一天之后，“奥帕尔”热带风暴便升级为“奥帕尔”台风，它的最大风速达到了241千米/时。当大风把海水冲向海岸时，海岸边的水位上升，超出平常高潮位近4米。海滨上的房屋被冲毁，而码头上的船只则被巨浪冲断缆绳，被抛到了岸边。

如果不是海鸟报信，这艘船上的人都将葬身海底！

这个事例告诉我们，在海上看到大群海鸟急急忙忙朝陆地方向飞去，或者它们跌落在船上，任你如何驱逐也不肯离去时，那就要想到是否有强台风入侵本地了。

海水冒泡赶紧跑

上面我们介绍了台风来临的征兆，现在该介绍地震海啸了。

地震海啸来临前，有没有明显的征兆呢？回答是肯定的。咱们先去看看地震海啸前兆的一大特征——海面异常现象吧。

2004年圣诞节期间，一名叫蒂利的英国小女孩和妈妈一起，来到了泰国的普吉岛度假。

12月26日，蒂利和妈妈一起来到有名的迈考海滩玩耍。10岁的小蒂利欢欣雀跃，她穿着游泳衣，兴致勃勃地在浅水区游泳、冲浪，而她的妈妈则躺在沙滩上，舒服地享受日光浴。玩了一会儿后，蒂利感觉有点累了，于是回到沙滩上休息。就在这时，她发现远处的海面上冒出了大量泡沫，它们白花花地漂浮在海面上，仿佛啤酒表层的泡沫。“刚才海水还是好好的，怎么一下冒出这么多泡沫?”蒂利的脑海里很快浮现出一幅画面。上地理课时，老师播放过一部有关夏威夷海啸灾难的纪录片，海啸到来前，夏威夷附近海面就曾漂浮着大量泡沫。

“不好啦，这个地方要发生海啸!”蒂利很快做出判断，并迅速跑到妈妈身边。

“你说什么？这里会发生海啸?”妈妈大吃一惊，赶紧从沙地上坐起来。

“是呀，你看那边出现了很多泡沫，”蒂利指着海面说，“老师给我们放过夏威夷海啸灾难的纪录片，这里的泡沫，和夏威夷海啸到来前的泡沫完全一样。”

“这……”妈妈有些拿不定主意。

“妈妈，赶紧叫大家一起跑吧，迟了就来不及了!”蒂利着急地说。

“好吧，不怕一万，就怕万一，咱们赶紧劝大家一起跑!”妈妈终于下定了决心。

不过，当蒂利和妈妈劝周围的人一起跑时，谁也不肯相信，人们不屑地说：“这里会发生海啸？别开玩笑了!”

无论蒂利和妈妈怎样劝说，大家都不肯相信，反而觉得她们很可笑。

“蒂利，咱们赶紧到酒店里去吧，让酒店的工作人员来通知大家疏散。”妈妈带着蒂利，很快来到了迈考海滩边的酒店。

她们向酒店工作人员讲述了海水冒泡的怪异现象，工作人员也觉得事态严重，于是和她们一起来到了海滩上。

“这里可能会发生海啸，请大家赶紧离开!”工作人员一遍又一遍地大声呐喊。

在蒂利母女和工作人员的劝说下，人们终于行动起来。不一会儿，一百多名游客便全部离开海滩，转移到了安全的地方。

大家离开海滩后不到五分钟，一堵巨大的水墙突然向岸边袭来。

巨浪所到之处，一切都灰飞烟灭，刚才还喧嚣繁华的海滩瞬间不见了，只剩下咆哮怒吼的海浪。目睹此情此景，人们目瞪口呆。

迈考海滩，最终成了泰国普吉少数几个在海啸中没有出现人员伤亡的海滩，而这一切，都是因为蒂利利用课堂所学的知识，辨认出了海啸来袭的预兆，从而帮助大家躲过了生死大劫。事后，英国海事学会向这名聪明机智的女孩颁发了奖状，以表彰她成功拯救一百多名游客生命的事迹。

为什么海啸来临前，海面会出现冒泡现象呢？有人认为，当深海的海底发生地震并形成海啸时，巨大的能量推动深水向岸边涌来，会使近海的地层发生剧烈变化，迫使一些隐匿在海面下的气体“跑”出来，从而出现冒泡现象。也有人认为，海啸来临前，巨大的能量搅动近海海底，将海底泥沙里包含的气体（如甲烷）挤压出来，从而形成大量泡沫。

不管以上两种说法正确与否，反正当你在海边玩耍，看到海里突然冒出大量泡沫时，一定要引起警觉，并迅速向安全的地方转移。

警惕远处的白线

假如你正在海边，眼前的海面上突然出现了一道长长的白线，你会有什么反应?

是的，赶紧跑吧！这道长长的白线可不是什么好兆头，它就是海啸波掀起的巨浪。因为距离很远，所以看起来像一道白线。

1946年4月1日，夏威夷群岛海滩上一片宁静，来此度假的人们悠闲地坐在沙滩椅上，一边喝饮料，一边谈天说地。这些人中，有一个叫莫宁的美国军官。

“海上怎么有一道白线?”突然，有人指着远处的海面，失声叫了起来。

莫宁转过头，果然看到在海天相接的地方，有一道醒目的白线。白线很长，几乎横跨了整个海平面。

“该不会是在试验什么新式武器吧?”刚刚经历过第二次世界大战的莫宁，脑海中迅速闪过一个念头，但很快，他又否定了自己的这一想法。因为他发现，白线正迅速向海岸边涌来。

“情况不对，大家赶紧跑吧!”莫宁大声对身后的人们说。凭直觉，他预感到一场灾难正在逼近。

“什么情况? 用得着跑吗?”人们议论纷纷，根本没意识到危险的临近，有人甚至嘲笑莫宁神经太敏感了。

不知不觉间，白线越来越近，也越来越清晰。终于，岸边的人们看清了它的“庐山真面目”，原来那是一堵白色的水墙!

“快跑啊，巨浪来了!”人们惊慌失措，赶紧往高处逃命。眨眼之间，滔天巨浪便扑到了岸边，跑在后面的人被浪头一卷，很快便无影无踪了。

这次大海啸，一共摧毁了夏威夷岛上488栋建筑物，造成159人死亡。岛上的人们之所以起初没意识到那道白线是巨浪，是因为这次海啸的发源地距夏威夷达3750千米。这一天，阿留申群岛附近海底发生了7.3级地震，45分钟后，地震形成的滔天巨浪先袭击了阿留申群岛中的乌尼马克岛，彻底摧毁了一座架在12米高的岩石上的钢筋水泥灯塔以及一座架在32米高的平台上的无线电差转塔，之后，海啸又以喷气式飞机般的速度往南直扫，并在夏威夷造成了严重灾害。

在2004年印度洋大海啸中，巨浪涌来时，海边的游客们最初也只是看到一道白线，当时大家都没有在意，因为谁也不知道那就是令人恐怖至极的海啸。人们依然我行我素，有的在沙滩上嬉戏，有的在海水里游泳，还有的在兴致勃勃地拍照……当巨浪靠近，人们终于能看清它的“庐山真面目”时，逃跑已经来不及了。

专家指出，海啸形成的排浪与我们通常见到的涨潮不同。海啸到来前的排浪非常整齐，浪头很高，像一堵墙一样。当它来到浅海区时，浪头立起来，远远看去，仿佛是一道长长的白线。所以，当你在海边看到海平面上出现白线时，一定要赶紧逃跑。

海水暴退勿探险

海啸来临前，岸边的海水会有什么变化呢？根据这些变化，能否逃脱巨浪的魔爪？

下面，咱们去了解海啸来临前的异常现象——海水暴退。

海啸来临前，海水出现异常暴退的典型例子，莫过于1755年的里斯本大海啸。

里斯本是葡萄牙的首都，也是大西洋沿岸的美丽海滨城市。早在16世纪大航海时代，里斯本便是当时欧洲最兴盛的港口之一。然而，就是这样一座繁华美丽的城市，却遭遇了一场可怕的灾难。

1755年11月1日，一场强烈地震袭击了里斯本附近海域。地震波袭来时，里斯本大部分房屋摇晃，人们惊慌失措，都从屋里跑了出去。一个叫劳尔的少年也随着家人跑到了外面。

大街上站满了惊魂未定的人们，大家谈论着刚才的强烈震动，脸上都有一种掩饰不住的害怕。就在这时，有人高声叫了起来："快去瞧啊，岸边的水退下去，连海底都露出来了！"

"走，去看看！"好奇的人们纷纷朝海边拥去。劳尔也跟着大家，朝海边走去。

果然，海岸边的水像一下被抽干了，海滩上到处是不停挣扎、跳跃的鱼虾，而往日碧波荡漾、从未被窥探过的海湾也露出了真容，里面只有一层浅浅的海水，它像一个巨大的聚宝盆，瞬间吸引了所有人的目光。

"去海湾底探险，捞取金子啊！"人们叫嚷着，拼命向海湾里挤去。

传说，过去有一艘载满金银的海盗船曾经在海湾里倾覆，虽然后来船被打捞了上来，但满满一船金银却沉没在了海底。

劳尔也想去探险，但海边的人实在太多了，他身小力薄，被人们挤在了后面。

大约过了几分钟，走在最前面的人们突然意识到了危险。他们看到不远处的海面上，一堵水墙正以千军万马之势横冲过来。反应过来的人们惊呼起来，他们立即掉转身子，以最快的速度向海岸狂奔。

然而，人们跑得再快，也跑不过横冲直撞的巨浪。数米高的浪头轻轻一卷，处于最前沿的人们瞬间便不见了踪影。滔天巨浪漫过海湾，所有在海湾底的“探险家们”无一例外成了海啸的第一批牺牲品。巨浪还冲上海岸，以摧枯拉朽之势，卷走了几万居民。而劳尔当时在人群的最后面，巨浪袭来时，他又和家人一起爬上山坡避险，因而幸免于难。

海啸来临前，海水出现异常暴退的现象，还出现在1960年的智利大海啸中。当时大地震过后，海水迅速退落，露出了从未见过天日的海底，鱼、虾、蟹、贝等海洋动物在海滩上拼命挣扎。“快跑，灾难要来了!”有经验的人们知道大祸即将临头，纷纷逃向山顶，来不及跑的，干脆爬上搁浅大船。大约十多分钟后，海水骤然涨了起来，很快，海边波涛汹涌，高达 8～9 米的巨浪呼啸而来，有的巨浪甚至高达 25 米。呼啸的巨浪越过海岸线，将所经过的地方化为一片汪洋。那些留在广场、港口、码头和海边的人们全被汹涌的巨浪吞噬，而海边的大船和港口的建筑物也被巨浪击得粉碎。

所以，当岸边海水暴退，鱼虾甚至金银在眼前触手可及时，你千万不要去捡，此时要做的事情是赶紧离开海边，跑到地势较高的地方去。

海水暴涨快逃跑

与海水暴退现象相反，一些海啸在来临前，会使海岸边的海水大幅上涨。

2004 年印度洋大海啸掀起的巨浪越过广袤海域，抵达斯里兰卡时，《华盛顿邮报》记者迈克尔·多布斯正在斯里兰卡威利加玛湾附近的一个小岛上度假。

那天早晨，多布斯和哥哥杰弗里一起，到小岛附近的海水中游泳。游着游着，他突然听到哥哥在身后大声尖叫："快游回来！快游回来！海上有些奇怪的事情发生了！"多布斯吃惊地抬头向海面看去，却没有发现什么异常现象，大海看起来是那么平静，海平面上只有一些小小的波纹。

"不要大惊小怪好不好，我想再往前游一点儿。"多布斯不满地嘟囔了一句，可是接着，他便发现了一个恐怖的现象。身边的海水正在快速上涨，并以惊人的速度淹没了小岛边上的岩石。不一会儿，威利加玛湾周围的金黄色海滩也被海水吞没了，眨眼之间，海水便涨到了海岸公路的高度，连公路边的棕榈树树根也淹没在了海水中。

“糟糕，该死的海水！”多布斯心慌了，他转过身，拼命向海岸方向游去。

多布斯不知道，在不到一分钟的时间里，海水上涨了至少四米高，可是，此时的海面依然是那么平静，视野内甚至看不到一点波浪。

海水还在继续狂涨，几分钟之内，海水便淹没了海边道路和路边的众多住房，速度之快令人无法想象。多布斯和哥哥一起抓住了一只当地人用来作渔船的小木筏。

几分钟后，海水停止了上涨。就在多布斯以为已经安全，准备跳下木筏游向海岸时，海水像泄气般突然一下退却了，多布斯像一片树叶被卷进大海。最后，他幸运地再次抓住一只小船，并搁浅在了一片沙地上。而他的哥哥却没有那么幸运，哥哥被卷进大海，再也没能回来。

海啸来临之前，海水为何会出现暴涨暴退现象呢？原来，当海底发生地震时，如果地震的能量造成海底地壳大范围、大幅度沉降，相应地，就会引起海水大范围、大幅度下沉，距离震中较近的沿海就会看到海水异常的暴退现象；而如果地震的能量造成海底地壳大范围、大幅度隆起，就会引起海水大量聚集，距离震中较近的沿海就会看到海水异常暴涨现象了。

从海水暴退或暴涨现象出现到海啸登陆，间隔时间有长有短，短的仅有几分钟，长的可达几十分钟。专家指出，如果在海边发现海水异常暴退或暴涨，则可能说明一场海啸已经在来的路上，这时应立即前往地势较高的地方躲避。

异常的“隆隆”声

我们都知道，地震来临前，有时会听到各种怪异的声音，这些声音被称为地声。那么，海啸临近时，有没有怪声出现呢?

回答是肯定的。下面，咱们就一起去了解一下吧。

在广阔的太平洋上，分布着许多风光旖旎、美丽迷人的海岛，不过，美丽迷人的风光背后，却隐藏着巨大的灾难阴影。

在巴布亚新几内亚西北海岸与西萨诺泻湖之间，有一片狭长的地带，这里有蓝色的大海，洁白的海滩，高大的棕榈树，是一个人人向往的度假乐园。西萨诺泻湖与海滩之间，横亘着 7 个美丽的村庄，村民们世代居住在此，靠出海打鱼和种植庄稼为生，过着平静俭朴的生活。

然而，1978 年 7 月 17 日，这一天对这里的村民们来说，是一个梦魇般的日子。

中午时分，正当村民们都在家中做午饭时，一阵强烈的震动袭来，地面颤动，房屋摇晃，大家赶紧从家里跑了出来。有人打听后得知，距离巴布亚新几内亚西北海岸 12 千米的俾斯麦海区，发生了里氏 7.1

级强烈地震。尽管震感强烈，但地震很快便过去了。20 分钟之后，又有一次里氏 5.3 级的余震袭来，但人们也不足为奇。大家在议论一番后，觉得大地震已经过去，不会再发生什么灾难了，于是纷纷走进家门，继续生火煮饭。很快，家家的屋顶都冒出了袅袅炊烟。

一切看似恢复了平静，但村民们谁也没有想到，更大的灾难即将临头。正当村民们把饭端上桌，准备开饭时，外面响起了一种异样的“隆隆”声，声音由远而近，越来越大，越来越猛烈，令人烦躁不安。

“这是什么呀，声音这么大?”有人问。

“听着像是飞机的声音，可能是刚才发生了地震，上面派飞机来查看了——走啊，出去瞧瞧……”

由于当地很少看到飞机，因此大家对天上飞的那个“大家伙”充满好奇，一人提议，立刻得到了许多人的响应，特别是小孩们更是欢欣雀跃。大家相随着走出家门，跑到外面去看热闹，有的甚至端着饭碗，一边吃，一边抬头往天上搜寻。

不过，他们在天上根本没有看到飞机的影子，当大家把视线转向大海时，立即吓得惊叫起来：“快跑啊，巨浪来了!”

海面上，一道约 20 千米长、10 米高的水墙以雷霆万钧之势横扫过来。转眼之间，水墙便扑上了海滩，很快村庄被海水淹没，无数人

被巨浪卷走。仅仅几分钟，这座风光迷人的度假乐园便变成了人间地狱。近万村民中有7000多人死亡或失踪，仅有2527人生还，生还者中7成以上是成年人，小孩幸免于难的极少。

为什么海啸来临前，村民们会听到类似飞机的“隆隆”声呢？有人分析，这是因为地震形成的海啸属于本地海啸，它一形成便直扑岛上，能量损失很小，再加上海滩很空旷，因此海啸的声音毫无保留地传递了过来，形成了巨大的“隆隆”声。

巨大轰鸣声

因为每个海啸的能量大小不同，再加上与海滩的距离有远有近，因此，人们听到的海啸声音不尽相同。在2004年12月发生的印度洋大海啸中，很多目击者称海啸的声音就像是货运列车，它发出“轰隆轰隆”的声音，仿佛一列载满货物的火车在铁轨上奔驰。

下面，再讲一个海啸声音的事例。

2010年10月25日晚，印度尼西亚的苏门答腊岛发生里氏7.2级强烈地震。地震发生之后，相关部门很快发布了海啸预警。岛上居民接到预警消息后，赶紧逃出家门，向地势较高的地方奔去。

不久，巨浪奔涌而至。由于居民们提前逃走，大家有惊无险。但一些船只刚好驶经地震附近海域，部分船员经历了海啸发生时的恐怖一幕，澳大利亚人里克·哈利特便是其中一员。

哈利特在明打威群岛经营轮渡生意，每天运送客人来往于两座岛屿之间。这天，他驾驶渡船搭载十多名乘客，刚刚驶进一处海湾时，地震便发生了。

“船下怎么在震动？你的船该不会有问题吧？”有乘客大声叫了起来。

“是啊，如果船出了问题，我们怎么办？你得为我们的生命负责！”大家都紧张起来。

“放心吧，船绝对没有问题！”哈利特也感觉到了船下的震动，但他很快便明白过来是怎么回事，“可能是地震了！”

“地震？”乘客们一愣，此时船不再震动，大家也就把心放了下来。

哈利特驾驶渡船，继续朝目的地驶去。但仅过了几分钟，海面上突然传来了巨大的轰鸣声，像一架机器在高速运转，又像喷气式飞机掠过头顶。声音是如此令人惊恐不安。

“怎么啦？这是怎么啦？”乘客们四处张望，显得有些惊慌。

哈利特很冷静，他马上意识到，可怕的海啸就要来临了！他向远处的海面望去，果然看到海面上涌起一道高高的巨浪，如同一堵白色的墙壁，正快速向渡船扑过来。

乘客们也看到了远处的巨浪，大家的脸色一下变得煞白。

转眼之间，巨浪已经冲到了他们面前，浪头托起附近的一艘船，向他们的渡船猛冲过来。“轰隆”一声，两艘船重重地撞在一起，渡船随即爆炸，燃起了熊熊大火。“快跳海！”哈利特大叫一声，率先跳到了海里，乘客们也接二连三地跳了下去。由于大家水性都不错，哈利特等人终于游上海滩，爬到了大树上。半小时后，海浪退去，他们才从树上下来，安全地回到了家中。

专家指出，如果在海边或船上突然听到海上传来异常的巨大响声时，要特别注意，提防海啸的袭击，尤其在夜间，更要引起警觉。

反常深海鱼

海啸发生时，会搅动整个大海，那么，海中的鱼儿有何反应呢？

下面，咱们一起去看看那些为人类“通风报信”的鱼儿吧。

2004年12月20日上午，在马来西亚的吉打，一群来自沿海村落哥打瓜拉巫打的渔民正在海上捕鱼。领头的渔民是一个名叫拉扎克·贾迈勒的51岁老头，他从35岁开始捕鱼，至今已经有16年的捕鱼经验了。

这天，贾迈勒一网撒下去，拉绳时感觉渔网十分沉重。“渔网怎么会这么重呢？”他不由得嘀咕起来。网拉上来后，他很惊喜，网里全是活蹦乱跳的大鱼！第二网撒下去，拉上来仍是沉甸甸的收获。其他渔民也与他一样，得到了大海丰厚的回报。这一天，渔民们打的鱼是往日的3～20倍，大家兴高采烈地到市场上去卖鱼，其中3个渔民在8小时的工作时间结束后，额外挣到了相当于3010新元的钱——这是平时一天收入的10倍。

第二天上午，贾迈勒他们又早早地来到了海边，这天他们打到的鱼比昨天更多，大海里的鱼似乎无穷无尽，每一网撒下去，总有令人意想不到的收获。“这可能是上天赐予我们的礼物吧！”一些渔民一边捕鱼，一边感谢上天的恩赐。贾迈勒也对此感到十分高兴。“这些鱼从天而降，应该是神的赐福！”他说，“我打了十多年的鱼，这两天才是最快乐的时候！”

此后的几天，鱼儿数量持续不减。在疯狂打鱼的同时，渔民们还发现了一个奇怪的现象，海水比过去显得奇怪：涨潮的时候比平时涨得高，退潮的时候也比平时退得远。12 月 26 日，即大海啸发生的当天，渔民们发现一些大大小小、颜色各异的鱼纷纷跳出海面落到海滩上。经贾迈勒辨认，这些鱼都是深海鱼，它们大多生活在 2000 米以下的深海中。“深海鱼从不到浅海来，它们的到来，是不是预兆着某种灾难?”贾迈勒把心中的疑惑向大家一说，渔民们顿时都提高了警惕。

海啸临近前，大家看到岸边的海浪突然后退了 100 米，几分钟之后数层楼高的巨浪朝着岸边扑过来。“海啸来了，快跑啊!”贾迈勒他们立即拉响了警报，并协助村民们成功逃生——如果不是渔民及时发出警报，不知道有多少人会因此丧生。

海啸来临前，深海中的鱼为什么会游到浅海来呢?专家指出，深海鱼类不会自己游到海面上来，因为它们大多生活在 2000 米以下的水中，长期“养尊处优”，这些鱼的骨骼和肌肉都不发达，而且它们的腹部一般薄如蜡纸，再加上视觉严重退化，如果它们游到海面上来，就可能会出现内部血管破裂、胃翻出、眼睛突出眼眶外等情况，并且很快就会死亡。所以，它们不会自己找死，除非海啸等异常海洋活动产生巨大暗流将它们卷上浅海。

因此，如果发现深海鱼出现在海面上，那就要特别小心了，因为你即将面临的可能是一场大海啸!

鱼群大集合

鱼类的反常行为虽然能“预报”海啸，但一些鱼群大集合并不是这么回事。

2011 年 3 月 11 日，日本地震海啸发生不久，在墨西哥度假胜地阿卡普尔科的一个海滩出现了奇异的现象：不计其数的鱼儿聚集在一起，密密麻麻地覆盖了大片海面，看上去触目惊心。

最先发现这些鱼群的是度假村的工作人员。他们看到海面上黑压压一大片，还以为出现了大面积的漏油，可是赶到近前一看，才发现海里全是鱼儿。它们中有沙丁鱼、凤尾鱼，也有鲈鱼和鲭鱼。鱼群聚集在靠近岸边的海水里，即使有人靠近，它们也不肯离去。得到消息赶来的渔民们兴奋不已，他们把小船划向鱼群，放下渔网，干脆直接用水桶捞鱼，很快便满载而归。第二天，鱼群散去，海面上又恢复了往昔的平静。

这次的鱼群大聚集是怎么回事呢？有人认为，这是因为日本大地震引发海啸后，搅动深海，不寻常的洋流将鱼群赶到了墨西哥的海面。不过，专家对此并不认同，美国地质调查局的专家布里格斯表示："海啸是会改变水流方向，但是很难确定这两件事有关联。"

2010 年 7 月的一天，中国福建省惠安县小岞镇的一个港口边上，也出现了一幕奇异的景象。成千上万的小鱼儿突然蹦出水面，拼命往渔船上跳，引起了当地人的极大恐慌。

这天傍晚 6 时左右，当渔民老张驾着自家渔船回到港口时，突然发现海水中不断蹦出鱼儿。它们就像跳高比赛的选手，拼命往高处蹦跳，不少鱼儿落在船上，发出"噼里啪啦"的声音。

老张惊得目瞪口呆，此时跳上船的鱼儿越来越多，接连不断，看看周围，别的渔船上也落满了海中跳上来的鱼。

“老张，这是怎么回事?”有人惊奇地问。

“我捕了四十多年鱼，从没见过这种怪事!”老张挠挠后脑勺，迷惑不解地说，“我也不知道是咋回事。”

鱼儿持续跳跃了三十多分钟，直到退潮后，很多鱼才无力地躺在沙滩上和海边的船上。据渔民统计，最后搁浅死亡的鱼大概有好几千条。

这事在当地很快传播开来，有人传言这种现象是海啸、地震的征兆，一时间，小岞镇人心惶恐，人人不安。得知消息后，当地边防派出所立即展开了调查，经过咨询渔业部门，最终得出了结论：傍晚正值退潮时，成群的鱼儿刚好游到海边，可能由于海水有些污染，造成水中氧气缺乏，在求生本能的驱使下，它们争先恐后地跳出水面吸氧，有些鱼儿正好跳到了渔船上。后来由于退潮，有些鱼儿来不及跑，所以搁浅在沙滩上死去。当地渔业部门表示，这是一种正常现象。

上述两种现象都说明，当出现鱼群聚集或鱼儿乱跳等反常现象时，要科学分析原因，正确认识这种现象，避免因海啸谣言引发不必要的混乱。

警惕海边地震

除了前面咱们介绍的现象，海啸来临前还会有一些征兆出现。关注这些前兆，对防御海啸灾难至关重要。

前面我们讲过，地震是海啸形成的“发动机”，因此，它可以说是海啸最直接的天然前兆。如果你感觉到较强震动时，千万不要靠近海边及江河的入海口，要时刻关注电视和广播新闻，注意收听有关附近地震的报道，做好防范海啸的准备。

关注地震现象，要记住一条准则：不能对震级较低的地震掉以轻心。从许多海啸灾难可以得出惨痛教训，并不是大级别的地震才能造成重大海啸灾难，一些级别不高的地震也可能引发大灾难。如 1896 年的日本三陆大海啸，当时的地震级别只是里氏 7.6 级，而且地震也没有造成直接的灾害，但地震引发的海啸却造成重大灾难，超过 2.7 万人在巨浪中丧生。

近十多年来，7.6 级以下地震引发海啸灾难的事例比比皆是。

1998 年 7 月 17 日，南太平洋岛国巴布亚新几内亚发生里氏 7 级地震，引发海啸，造成 1000 多人死亡、2000 多人失踪、6000 多人无家可归。

2006 年 7 月 17 日，印度尼西亚爪哇岛西南海域发生里氏 6.8 级地震并引发海啸，造成 668 人死亡，至少 1438 人受伤，约 7.4 万人无家可归。

2010 年 1 月 4 日，所罗门群岛连续发生里氏 6.5 级和里氏 7.2 级地震以及多次余震，引发海啸，造成大约 1000 人无家可归。

2010 年 2 月 28 日，一场里氏 6.1 级地震撼动智利南部康塞普西翁等地，引发的海啸造成当地至少 150 人失踪。

2010 年 10 月 25 日，印度尼西亚西苏门答腊省明打威群岛附近海域发生里氏 7.2 级地震并引发海啸，造成至少 113 人死亡。

……

专家指出，关注地震现象，不只要关注本地发生的地震，还应关注数百千米甚至上千千米地区发生的地震，因为遥远的海底发生地震引发海啸时，海啸波可能会跨越重洋到达当地，从而造成严重灾害损失。如 1946 年 4 月 1 日，夏威夷曾经发生过一次大海啸，而这场海啸的“发动机”来自距夏威夷 3750 千米的阿留申群岛。当地附近海底发生 7.3 级地震后引发海啸，巨浪以喷气式飞机的速度到达夏威夷，造成了严重灾害。

此外，海啸发生前，一些动物的异常行为也值得我们关注。如2004年印度洋大海啸袭击斯里兰卡前，当地的动物曾出现过一些异常现象。在离海岸3000米远的国家公园里，野生大象、老虎和狮子等动物狂躁不安，海啸到来前15分钟，这些动物不顾一切冲出了动物园，并向周围的高处迅速迁徙。海啸引发的滔天洪水使国家公园周围变成了一片泽国，但动物们却安然无恙。同样在斯里兰卡，海啸到来前五百多只鹿快速冲出聚居的地方，拼命逃向旷野，结果海啸丝毫没有伤害到鹿的生命。难怪斯里兰卡野生动物保护局副局长说："没有大象丧生，甚至野兔都活得好好的，我想动物可以感觉到灾难即将来临，它们有第六感觉，能预知海啸发生的时间。"

科学家认为，地震海啸发生时，会影响到地下水的流动，地球的磁场、温度和声波等，这些人类无法感知，但有些动物比人类敏感，因此它们能够感觉到变化。

此外，许多海啸来临前，停泊在海岸边的船只也会出现异常现象。船只会突然剧烈地上下颠簸，特别是当时在船上的人，感受尤其深刻。如在2004年的印度洋大海啸中，一些幸存者事后回忆，在海啸来临前，他们看见岸边的许多渔船“像纸片一样上下翻腾”，随后不久，海啸袭来，这些渔船很快便消失在滔天巨浪中了。

专家指出，当发现船只剧烈颠簸时，就要赶紧往安全的地方跑。在这里，不仅指远离海岸边，还要避开与大海相通的河流或溪流。因为海啸可以抵达与大海相通的河流和溪流，如果发生海啸，海水会出现倒灌，这些河流和溪流的水位都会大幅上涨。因此，应该像远离海滩一样，远离这些水域。

巨浪逃生
自救及防御

跑到高处去

前面我们介绍了台风和海啸发生的前兆，下面咱们一起去了解并掌握与地震海啸有关的逃生知识吧。

你想过没有，当海啸发生，排山倒海的巨浪瞬间袭来时，该如何逃生呢?

逃跑，自然是人类躲避灾害的本能反应。不过，逃跑也要讲究策略和路线，否则可能会在瞬间白白送命。

咱们先看一则现实中的事例。

2004 年 12 月 26 日星期天早上，印度泰米尔纳德邦首府金奈附近的马里纳海滩上，人声鼎沸，人流如织，叫卖声、讨价还价声响彻海滩。

“只剩最后两条海鱼了，廉价卖，要买的快来啊!”一个年轻的女渔民挥舞着手中的海鱼大声叫卖。由于担心年幼的孩子在家无人照看，她急于想将海鱼卖掉。

“再便宜一点吧。”这时一个小贩走到她的摊前。经过一番讨价还价，这两条海鱼以很低的价格成交了。

一手交货，一手交钱。正当女渔民把鱼递到小贩手中，伸手要接钱时，面对大海的她吃惊地张大了嘴巴，连钱也忘了接。

“你怎么了？快点把钱收好吧。”小贩不耐烦地说。

“你——看——那——里!”女渔民结结巴巴地指着小贩的身后。

小贩迟疑地回过头，这时他看到了一幕奇怪的景象。眼前的大海突然消失了，海水不知去了哪里，裸露的海滩上，许多鱼虾在拼命挣扎、跳跃。

这时，所有来早市交易的人们，都看到了这一怪异的现象。大家目瞪口呆地站在原地，莫名其妙地看着眼前发生的一切。

不一会儿，天边突然泛起一道白线，响起了“轰隆隆”的巨大响声，像巨雷轰响，又像是几千辆坦克同时开动。人们正在惊疑不定时，几层楼高的海浪已经扑涌过来。“那一瞬间，大海像突然间站了起来，一下扑到了我们面前。”死里逃生的人这样描述当时的情景。

当巨浪涌来时，海滩上的人们惊慌失措，乱成一团，有人吓得“哇哇”大哭，有人吓得呆住忘了逃跑，有人拼命朝房间里钻去……只有少数人往岸边的一处高地跑去，这其中便包括那位卖鱼的女渔民。

当他们跑到高地上时，巨浪已经涌上了海滩。浪头虽然几度扑上高地，但气势大大减弱，躲在上面的人都躲过了生死大劫。而那些在海滩上到处乱跑的人却没有这么幸运，当海浪消退时，海滩上的一切全被带走，一个生命也没有活下来——这一天成了当地渔民们的黑色星期天，许多人连尸体都未留下。

这个事例告诉我们，如果有海啸征兆出现时，在海边的人们要赶紧逃跑，在逃生过程中，一定要远离海岸，尽可能向内陆方向跑，离海岸线越远越好。如果你已身处险境，应迅速跑向身边地势较高的地

方，比如山丘或高大坚固的建筑物内——一般来说，海边钢筋加固的高层大楼如酒店等，是海啸逃生的一个安全场所。如果你在最短时间内爬到高楼顶上，相信死神也会对你望尘莫及。

千万记住，躲避海啸时，一定不要跑到低矮或对海啸毫无抵抗力的房屋内！

抓住牢固的东西

2011年3月11日，日本东北部海域发生里氏9.0级大地震，并引发了可怕的海啸。当滔天巨浪冲来时，人们千方百计逃生，一些人最终逃过了死神的魔爪。

海啸到来时，在受灾严重的宫城县南三陆町，町长佐藤仁和三十多名工作人员赶紧跑到防灾中心大楼顶上去避灾。防灾中心大楼一共三层高，大约十一米。很快，第一波巨浪涌来，浪头猛烈撞击大楼，激起数米高的浪花，佐藤仁他们被打得全身湿透，身上火辣辣地疼。不过，没等他们缓过劲来，第二波巨浪已经涌到。这波巨浪更加猛烈，浪头立起来后，将大楼几乎淹没。佐藤仁当时死死抓住屋顶的铁质扶手，海浪没过他的头顶，一波又一波地涌来。他不能呼吸，不能睁眼，只能用尽全身力气抓牢扶手——如果稍一松手，他就会被海浪卷走。在几分钟之内，他感到全身僵硬，几乎快要窒息，所幸的是佐藤仁坚持了下来，并最终逃过了一劫。

巨浪涌来时，宫城县一名叫幸子的妇女正在开车逃生的途中。大地震毁灭了她的家园，并把她压在了废墟下。所幸房屋是木质平房，幸子很快从废墟下逃生。看到家园被毁坏，到处一片狼藉，幸子决定驾车去外地投奔亲友。车开出不久，幸子突然听到身后传来“轰轰”的声音，从后视镜里，她看到巨浪像千军万马直冲过来。幸子大惊失色，尽管她加大油门，汽车像离弦之箭向前飞驶，但巨浪还是很快追了上来。浪头轻轻一卷，汽车像树叶般被轻轻卷了起来。浪头带着幸子和汽车，迅速向大海方向回落。正当她以为无法活命时，车突然停了下来，原来是一根大树桩卡住了汽车。幸子愣了一下后，赶紧从车里爬出来。她紧紧抱着这根树桩，任凭海浪怎么冲刷，始终不肯放手。最终，幸子被人救起，而她的汽车却被卷进了海里。

同样大难不死的还有一个印度妇女。在 2004 年印度洋大海啸中，当巨浪涌来时，这个怀孕 4 个月的妇女也因为执着而获救。这天上午，这名妇女前往当地的一家超市购物，突然之间，巨浪从海上涌上岸来，她和大家一起拼命逃跑，但没跑出多远便跌倒在地，这时巨浪已经追了上来。情急之下，她抱住了身边的一棵大树。海浪猛烈地冲击着她的身体，她全身淹没在水中，无法呼吸，也无法动弹，但她的双手像钳子一样，紧紧箍住树干不放……巨浪退回去后，卷走了许多逃跑的人，而她却和大树一起，幸运地留了下来。

专家告诉我们，地震引起的海啸宽幅达数百千米，这种千军万马式的强大“水阵”破坏力十分惊人。2 米高的海啸，便可使木制房屋瞬间遭到毁坏，如果海啸浪高 20 米以上，钢筋水泥建筑物也会被摧毁。当海啸袭来，无法逃往安全的地方时，要视情况选择逃生的路径。如果确定海啸的强度不是很大，可以选择抓住相对牢固的物体，如紧紧抓住大树等，把自己固定起来，以免被海浪带走。

千万记住，你所选择要抓住的东西必须十分牢固！

抱住床垫逃生

如果海啸强度很大，来不及逃跑，而身边又没有可抓的牢固物体时，你应该怎么办？

2004年印度洋大海啸发生的当天，一个姓高的年轻男子和妻子一起，正在泰国的一家酒店里睡觉。这对年轻夫妇来自中国香港，他们刚刚结婚不久，这次是到泰国南部来度蜜月的。头天晚上，因为玩得太高兴了，他们很晚才睡觉。迷迷糊糊之中，房子突然被猛地推了一下，随即剧烈摇晃起来。高姓男子从睡梦中惊醒后，眼前的情景令他惊恐不已。巨浪已经涌至酒店二楼，并将房子推着往前走！“快醒醒！”他连忙将妻子推醒，这时房屋已经解体，他们被卷入海浪之中。两人紧紧抱住床垫，任凭海浪如何拍打，始终不敢放手。海浪将他们带入大海，他们在冰凉的海水中漂泊了六个多小时，直到被海水带到普吉岛附近的蔻立海面，才最终被渔民救起。

高姓男子和妻子依靠床垫逃生，而在日本，却有人依靠漂浮的屋顶和渔船躲过生死大劫。

先来看看依靠屋顶逃生的新川博光。新川博光是一位60岁的老人，他和妻子住在日本福岛县南相马市。2011年3月11日这天，大地震发生后，他和妻子赶紧跑到外面去避难。最初的震动停止后，老两口一同返家，想拿点随身物品再出去。谁知刚刚进屋，海啸便紧跟地震而来。当时新川博光在二楼寻找东西，他的妻子在底楼。巨浪扑进来后，不但瞬间卷走了他的妻子，而且很可怕的是，整栋房屋也被巨浪连根拔起，并且被冲到海里去。新川博光侥幸暂时捡回了一条命，但此时海水继续上涨，眼看就要漫到二楼，并且整栋楼房“嚓嚓”作响，似乎马上就要垮塌。新川博光赶紧从窗户翻出来，爬到了屋顶上。楼房就像一只形状奇特的小船，载着他在海上漂流。新川博光担心楼房会散架，不过幸运的是屋顶始终没有断裂。他就这样靠着“船屋”在海上漂流，两天后，人们在离海岸 15 千米外的海上把他救了起来。

再来说说依靠漂浮渔船逃生的事例。大地震发生时，宫城县一位名叫石川龙郎的男子正在家里收拾东西。房屋的剧烈摇晃让他意识到发生地震了，他赶紧停下手中的活，躲到了卫生间里。地震过后，石川龙郎想到外面去了解一下情况，不料刚刚起身，他便从门口看到数米高的海浪正从道路那边涌来。现在出去肯定有危险！石川龙郎赶紧跑到了二楼上，打开窗户向大海方向望去，只见黑色的巨浪已经奔涌而至，一间间房屋像玩具似的，被海水轻而易举地推倒了。眨眼之间，浪头已经奔涌过来。水很快漫到了他家房子的二楼。眼看房屋即将倒塌，石川龙郎迅速从窗户跳了出去。他在水中拼命游泳，同时尽力躲闪着水中的杂物，以免伤到自己。正当他筋疲力尽，感到绝望时，一艘渔船被海水冲了过来，石川龙郎赶紧伸出双手抓住船。渔船带着他，一路顺着海水漂流。最后，渔船在一个养老院旁边停了下来，石川龙郎松开船舷，从 2 楼的窗口钻了进去，最后获得了救援。

专家指出，如果海啸强度很大，所过之处一片狼藉，那么就要抓住身边任何能漂浮的东西（如救生圈、门板、树干、钓鱼设备等），使自己尽量漂浮在水面上，同时要注意避免与其他硬物碰撞，并一直坚持下去，直到救援到来。

和巨蟒一起逃生

和巨蟒一起逃生，与鲨鱼共同游泳……在2004年的印度洋大海啸中，逃生者的经历可谓惊心动魄。这些逃生事例，对我们防灾避险有很好的启示意义。

莉萨是印度尼西亚亚齐省的一名女售货员。在2004年12月26日印度洋大海啸发生前，26岁的她和三位女友一起，在靠近海滩的地方合租了一套房子。之所以选择在海边，是因为这里租金相对便宜，而且海边空气清新，环境优美。

26日早上，莉萨从睡梦中醒来后，仍慵懒地躺在床上不想起来。这天是星期天，不用上班。她翻了一个身，像往常那样，习惯性地往窗户外看了一眼，这一眼吓得她赶紧跳下床来。只见海面上巨浪像一堵墙直扑过来，海水挟裹着石块和树枝急速推移过来；海滩上，人们哭叫着拼命奔逃。

来不及穿上衣裤，身着睡衣的莉萨和三个女友一起，赶紧跑到二楼的小卖铺里躲起来。巨浪很快扑到房前。那一刻，她们感觉世界末日来临了！在海浪的冲击下，她们就像一片菜叶，被海水轻而易举地冲出了房子。在茫茫海水之中，她们就像无根的浮萍漂荡着，不知道要被冲到何方。莉萨很快和女友们失散了。

漂着漂着，莉萨突然发现了邻居家的两个双胞胎女孩和她们的母亲。两个女孩紧紧抱着母亲的身体，吓得“哇哇”直哭。而她们已经身受重伤的母亲，虽然拼命划水，但仍然体力不支，正慢慢往水下沉去。

没有多想，莉萨赶紧伸手抓住了那两个9岁的女孩。

“求求你，救救孩子！不用管我，但是一定救活我的孩子们。”那位可怜的母亲用力说完，手一松，沉到了浑浊的水下。

泪水已经流干了！莉萨明白，大水中分不清哪是海，哪是岸，如果辨别不清方向，在茫茫大水中漂浮，她和两个孩子最终也难逃沉入水中的厄运。此时的她完全冷静下来，并努力向四周看了看，这时，她发现旁边漂过去一段黑黑的木头，仔细一看，原来是一条巨大的蟒蛇。

巨蟒可能已经疲惫不堪了，它努力昂起头，缓缓从莉萨她们身边游了过去。

“蟒蛇应该能够辨认方向！”这个念头在头脑中一闪，莉萨顿时精神一振。在求生本能的驱使下，她和孩子们都忘记了恐惧，她们跟着蟒蛇，一起向前游去。

不知过了多少时间，她们感觉到双脚触到了海滩，才发现周围的水深不足1米。莉萨和两个孩子一起，赶紧离开了蟒蛇。蟒蛇也没理她们，自顾自地游走了。

莉萨和两个孩子是幸运的，她们的逃生经历告诉我们：在灾难中要沉着冷静，努力克服恐惧心理，不要轻易放弃活命信念，哪怕有一丝生存的机会，也要千方百计抓住！

和鲨鱼同游

如果说莉萨她们与蟒蛇一起逃生十分可怕，那么，在大海里与鲨鱼同游则更是恐怖万分。

印度洋大海啸袭来时，印度尼西亚班达亚齐市一位名叫里扎尔的清真寺清洁工刚刚上班。那天早上，他先是看到一排浪朝岸边涌来，不过，那排浪只有一米多高，并且很快便退了回去。里扎尔和大多数人一样，根本没有把那排浪放在心上，他拿出工具，做起清洁工作来。不过，仅仅过了一分钟，他突然听到海面上传来巨响，仿佛一架大型飞机从海上飞过，紧接着，一堵十米高的水墙从海上扑了过来。里扎尔吓得“妈呀”一声，赶紧扔掉工具，试图翻过清真寺的围墙逃出去，但没跑出两步，巨浪便追了上来。他感到自己被海浪抛起来，犹如被卷进一个巨大的洗衣机里。置身翻滚的海浪之中，他试图把嘴闭紧，但还是禁不住猛灌了几口海水。

里扎尔在海水中拼命地往海岸方向游，但回落的海浪不由分说又把他往大海里拖去，眼见山峰在视线中迅速后退，他渐渐绝望了，但求生的本能还是驱使他不断地游……游了一个多小时，里扎尔终于迎来了幸运女神的垂青。他发现了一根树干在自己身旁，于是迅速爬了上去。

里扎尔和他的“救生艇”被海水冲得越来越远，正当他内心焦灼，不知所措的时候，新的危险悄悄逼近。他发现在几米开外的地方，一道灰黑色的背鳍正划破海面向他游来，紧接着，他看到了一个硕大的脑袋，以及脑袋上那双冷酷无情的圆眼睛。

一条大鲨鱼！里扎尔吓得不敢呼吸，这条鲨鱼个头很大，估计有3米长，它可能是嗅到了里扎尔腿上的伤口散发出的血腥味，因此围着树干不停转圈，寻找下手的机会。那一刻，里扎尔几乎窒息，他内心涌起一种死神逼近的巨大恐惧。幸好树干足够大，他的腿始终保持在水面之上，让鲨鱼无法得逞。

尽管树干阻碍了鲨鱼的杀戮，但它并没有轻易放弃。它不断地用身体撞击树干，想将里扎尔弄入水中。里扎尔牢牢地抱住树干，没有给鲨鱼半点机会。终于，鲨鱼在周围徒劳地转悠了几个小时后，只得到其他地方觅食去了。

虽然鲨鱼的影子消失了很久，但里扎尔仍然感到自己的心在“咚咚”狂跳。之后，他又在汪洋大海中漂流，度过了9天他从来没有过，也无法想象的生活。在大海上漂泊的日子，他还遇到了另一位幸存者——22岁的警察法德利。他们在一起待了两天，并在海面上找到了一些椰子，将椰子在树干上砸开，营养丰富的椰汁救了他们的命。两天后，他们发现了4千米开外有一片陆地，法德利独自朝陆地游去，而精疲力竭的里扎尔不敢尝试，他继续在海上漂泊，最终被一艘荷兰货船所救。

里扎尔逃生时表现出来的坚强意志和顽强不屈的精神令我们钦佩！那么，在海上漂流，应该怎么做呢？专家告诉我们，在海水中漂流时尽量不要游泳，也不要乱挣扎，应尽量减少动作，能浮在水面随波漂流即可，因为这样既可以避免下沉，又能够减少体能的无谓消耗；如果海水温度偏低，那么最好不要脱衣服；不要喝海水，因为海水不仅不能解渴，反而会让人出现幻觉，导致人精神失常甚至死亡；尽可能地向其他落水者靠拢，这样既便于相互帮助和鼓励，又因为目标扩大更容易被救援人员发现。

大树上求生

你看过小说《鲁滨孙漂流记》吗？鲁滨孙在海上遇难后，流落荒岛，凭借顽强的意志生存了下来，他的故事也因此家喻户晓。

当海啸突如其来时，海浪可能会将你带到类似荒岛的地方，绝境求生，你准备好了吗？

在印度洋大海啸中，印度尼西亚苏门答腊岛的一名男子在海边的一棵大树上生活了 8 天，幸运地成了在海啸灾难中奇迹生还的人。

这名男子 23 岁，名叫沙普特拉。大海啸发生时，他正在一座清真寺里工作。20 米高的巨浪瞬间袭来，将他和清真寺里的人全都卷了起来。沙普特拉拼命游动，很快将头从海水中露了出来。巨浪带着他继续向内陆推进。最初的恐慌过后，沙普特拉一边游泳，一边观察水面上的情形。当海浪带着他来到一棵位于高处的大树旁时，沙普特拉纵身一跃，双手紧紧抱住了树干。

尽管暂时安全了，但沙普特拉看着不断从树下漂过的尸体，以及自己身上逐渐恶化的伤口，忧心如焚。四周全是海水，分不清哪是大海，哪是陆地，天地间只剩下一片汪洋，获救的唯一希望只有船只。当饥饿和焦渴袭来时，沙普特拉把偶尔漂到他身边的椰子捞起来，所幸他身上带着一把门锁，他用门锁把椰子敲开，取食里面的椰汁和果肉。第一天过去了，沙普特拉没有看到任何船的影子。第二天过去了，他还是没看到船。第三天，他终于看到远处有船只在行驶。“快来人，救命啊!”他大声呼救，但由于距离太远，船上的人根本看不到他。眼看船的影子一点一点地消失，他内心的希望也在一点一点地消逝。之后几天，沙普特拉又看到过几艘船，并每次都尽可能地大声呼救，但船上的人还是没发现他。沙普特拉明白，如果再找不到一艘船，那么他必死无疑。为此，他不停地向真主祈祷，希望奇迹能够出现。

随着时间流逝，漂到树下的椰子越来越少，而沙普特拉的身体也越来越虚弱。就在他绝望的时候，一艘货轮出现在他的视野中。沙普特拉拿起一根树枝，用尽全身力气，不停地朝货轮挥舞。这次，幸运女神光临了。货轮上的值班人员看到沙普特拉后，赶紧向船长报告，船长立即命令货轮向大树靠近。就这样，沙普特拉在大树上度过了难忘的 8 天后，终于被成功解救。

沙普特拉的经历告诉我们两条求生经验：第一，如果你被巨浪困住，在没有别的逃生途径情况下，一定要寻找粗壮、高大的树并尽可能往高处爬；第二，在绝境之中，千万不能放弃生的希望，只要有一丝机会，就要全力抓住!

野外求生存

在印度洋大海啸中，还有一些幸存者逃生的故事，令人不得不赞叹和感慨。

2004年12月26日，印度尼西亚苏门答腊岛附近海域发生地震并引发海啸。海啸波掀起的巨浪穿越广阔海域，到达印度安达曼群岛最南端的皮洛潘加岛，给当地造成了巨大的伤亡。

皮洛潘加岛是一个比较偏远的岛屿，人烟稀少，居民不到1000人。岛中央的高地上是一片郁郁葱葱的森林，而居民们的房屋则分布在距离海滩不远的岸边。

巨浪袭来时，一名叫杰西的18岁女子正在离家不远的一块地里收芋头，她的丈夫带着年仅1岁的儿子在海滩上玩耍。一瞬间，巨浪便将包括她丈夫和儿子在内的许多人卷走，看到巨浪袭来，杰西赶紧丢下手里的芋头，拼命往高处逃去。

杰西不停地跑啊跑，她听到身后传来巨浪的“轰隆”声和人们的呼救声，可是她不敢回头，直到跑进高处的森林，她心里才稍微安定下来。之后的几天，杰西都不敢走出森林，虽然每到夜晚，黑漆漆的森林让她害怕，但想到恐怖的巨浪，她还是选择了留下来。

直到第三天，杰西才试探着走出森林，可是当她来到海滩上时，昔日的家园已经不复存在，整个海滩空无一人，充满了令人恐惧的死寂。她不知道，岛上的人要么已经被海啸卷走，要么已经转移、撤离，整个岛屿除了她之外，没有其他人了。

不过，悲伤和恐惧没有压倒杰西，她重新走回森林，开始了一段长达四十多天的“野人”生活。白天，她在森林里寻找野果和椰子，靠它们来填饱肚子；夜晚，她便爬到一棵大树上，在大树的树杈上歇息。成群结队的蚊子轮番攻击她，在她身上留下了许多咬痕，有几次，她还与岛上的霸主——毒蛇不期而遇，所幸她从小在岛上生活，知道怎么对付毒蛇，因此每次都能全身而退。

依靠野果、椰子和一些淡水，杰西度过了45天与世隔绝的“野人”生活，不过，由于营养严重不足，她的体重下降了许多，身体也出现了肿胀现象，可以说，她的身体已经非常虚弱了。

2005年2月9日，一位居民返回岛上时，在空无一人的海滩上意外发现了奄奄一息的杰西，她因此得救了！

同样是印度洋海啸，在绝境之中，顽强生存下来并得到救助的事例还有不少。巨浪袭来时，印度楠考里岛上一名10岁女童逃到岛上森林中，一个人以浆果、椰子充饥，终于在4天后获救；一个偏僻小岛上的9名幸存者，靠打野猪和吃椰子维生，在岛上度过了漫长的38天流浪生活，最后被救援人员发现。

以上事例告诉我们，从巨浪中逃生，陷入另一个绝境中时，一定要克服内心的恐惧，正视灾难，要有克服困难的信心和勇气。同时，平时应有意识地掌握一定的野外生存知识，如果有条件，可以进行一些野外生存训练，让自己学会如何在荒岛等野外寻找饮用水、采集食物以及如何防范毒虫侵袭等。

跑到深海去

海啸发生时，正在海上航行的船舶应该如何避险呢？

2011年3月11日上午11时左右，在日本横滨港口，一艘中国货轮装好货物后准时出发。驶离港口一个多小时后，船长突然收到卫星电话通知：日本本州东海岸附近海域发生地震，包括东京在内的多个城市有明显震感，地震已经引发了海啸！

一切来得太突然！一时间，船上的工作人员都显得有些紧张。2004年印度洋大海啸的灾难给人们的印象太深刻了，如果遇上那样的巨浪，后果将不堪设想。

“加快速度，全速向太平洋方向前进！”船长很快下达命令，同时派出人员，加强对海上情况的观察。

货轮加大马力，全速在海面上行驶，但由于装载的货物较重，航行的速度并不是很快。

海面上风浪较大，一个浪头接一个浪头打来，在船舷上碰溅出万千水花。

“海啸会不会已经到来了？”有人担心地问。

“这只是普通的风浪，应该不是海啸掀起的浪。”船长仔细观察一番后，安慰大家说，“放心吧，越到深海，海啸的危害越小，咱们现在已经离开近海了，应该不会有什么危险！”

果然，货轮航行还算比较顺利，人们担心的海啸始终没有出现。当天晚上，当船上收到海啸预警解除消息时，大家都不由得欢呼起来。

专家指出，海啸在大海上比台风温柔，特别是海水越深，海啸越不明显，它在深水海面上掀起的波浪只有几米高，有时甚至只有几十厘米。很多时候，海啸都是不知不觉

地越过海洋，然后出其不意地在浅水区现身。

还是再举一个例子吧。2004 年 12 月 26 日，印度洋大海啸袭击印度泰米尔纳都邦的当天，一名当地渔民正驾驶一艘小船在深海中捕鱼。这天的海面上很平静，鱼也特别好打，几乎每一网撒下去都有沉甸甸的收获。下午一点钟，这个渔民已经打到了往日一天才能捕到的鱼。当他满载而归时，发现港口一片狼藉，死尸遍地，他位于海边的家已经成为一片废墟，自己的 4 个儿子全部在海啸中遇难。面对巨大的灾难，这个渔民悲痛异常，他怎么也想不到，海啸竟会神不知鬼不觉地从他的小渔船下溜过，又把他的家乡肆虐得千疮百孔。

是呀，海啸为啥如此“阴险”呢？这是因为它是地震能量推动从海底到海面的整个水墙在前进，因此深水海面上的动静并不明显，但到了浅水区后，水墙骤然现身，就会给人类带来巨大灾难。

上面这两个事例告诉我们，当海啸发生时，航行在海上的船舶不可以回港或靠岸，应该马上驶向深海区，因为深海区相对于海岸更为安全。

沉着应对不惊慌

上面我们讲的是在海上航行的船舶如何避险，那如果海啸发生时船舶正好在港口怎么办？还有，如果你当时正在船上，应该怎么保护自己呢？

还是先来看一个真实事例吧。

2004 年 12 月 26 日印度洋海啸发生时，无数船只惊慌失措，最终被海浪吞噬，但中国广州一艘叫“桃花山”的海轮却沉着应对，力挽狂澜，27 名船员成功脱险，上演了一出惊心动魄的生死历险。

12 月 25 日，“桃花山”轮到达印度，并停靠在了印度 CHENNAI 港的铁矿码头。26 日上午，斯里兰卡、印度相继发生了海啸，也波及了 CHENNAI 港。当天 9 时 10 分，第一股奇特而凶猛的海潮骤然升起，冲上该港地面。“桃花山”轮三副、值班水手及实习生 3 人正在舷梯口当值，当他们发现码头所有排水孔喷出 3～4 米高的水柱，随即水位急剧上升 6～7 米，急速淹过码头约 1 米多高，随后又急剧退下时，立即意识到舷梯有危险，准备收梯。这时代理恰好走上舷梯，三副见状即大声呼叫，要他离开舷梯。没反应过来的代理还站在中间，几个当值人员异口同声地吼了起来，代理这才意识到危险，闪电般跳下舷梯。霎时，舷梯已四分五裂。不到半分钟，潮水迅速下降至最低水位。十几秒间，舷梯被压碎，船尾缆绳“嘣嘣”作响，缆绳和缆桩摩擦发出浓浓的焦煳味，滚筒上的刹车带在冒烟！船随时会挣脱缆绳，撞击码头，碰撞他船，甚至沉没。陈延船长立即向全体船员发出紧急命令：“全船进入紧急状态，抛下双锚！紧急备车!”并以最快的速度向港口控制中心报告出现异常潮汐，要求援助，并通知港方立即移走装载机。这时，港口已陷入混乱，控制中心对请求没有反应。船长意识到只能自救。

9 时 13 分，大副报告驾驶台：“双锚抛下，一节半下水，刹住并抓牢!”9 时 14 分，前倒缆崩断，船舶被巨大的暗涌推拉得不由自主，步步逼近码头两台大型装载机的吊臂，眼看要撞上了。船长沉着下达一个又一个指令，终于逃过一劫。此时，潮汐每 10 分钟涨落一次。船长频繁正倒车，防止船体撞击码头，再将双锚链松至一节半下水刹牢，牢牢将船控制住。

9 时 25 分，三副接通了广州海岸电台，公司应急小组成员马上进行跟踪指导。

9 时 35 分，相隔约 80 米的两艘集装箱船和港池内一艘 6 万吨级油船相继断缆，撞击码头引桥，横堵在出口航道。这时，万一油船爆炸或倾覆沉没，封住港口出口，港内所有船都危在旦夕，好在潮水的猛涨、猛退让油船死里逃生，最后弃锚冲出港外。下午 4 时 30 分，海啸逐渐消退。晚 9 时 15 分，“桃花山”轮安全出港。

这个事例告诉我们，在船上遭遇海啸时，千万不要惊慌，一定要沉着应对，只有这样才可能避开灾难。专家指出，因为地震是海啸的“排头兵”，如果船上的人感觉到较强震动时，千万不要使船靠近海边和江河的入海口。即使只是听到有关附近地震的报告，也要做好防范海啸的准备。海上船只收到海啸预警后应该避免返回港湾，因为海啸在海港中造成的落差和湍流非常危险，船主应该在海啸到来前把船开到开阔海面。如果船即将靠岸，来不及驶离海岸，那就赶紧把船停在岸边，让所有人都撤离船只，并以最快的速度往高处跑。如果跑都来不及了，应该怎么办？如果你当时正在船的甲板上，应马上蹲下并抓住物体，以免被抛入海中——当然，这一切都是建立在船不会被巨浪打翻的前提下。如果船被掀翻，那就只有拼命划水，让自己的脑袋露出水面等待救援了。

远离核污染

海啸袭来时，有时还会制造出次生灾害，其中有种次生灾害令人谈之色变。

这种灾害就是核污染。

海啸和核污染之间有何联系？对付核污染，又该采取什么措施呢？

2011 年 3 月 11 日下午，日本东部海域发生里氏 9.0 级大地震，并引发海啸。受地震海啸影响，福岛第一核电站自动停止运转，若干机组发生冷却系统故障，3 月 12 日下午，一号机组发生爆炸，3 月 14 日，三号机组发生两次爆炸……

核泄漏事故发生后，核电站周围的放射线量远远超过了正常水平，而且放射性物质泄漏到大气中，方圆若干千米内的居民被紧急疏散。随后，核污染不断扩散。3 月 15 日，日本的首都东京地区检测到放射性物质辐射量超过正常标准。一周之后，从东京市中心和 5 个郊区的自来水中，检测到的放射性碘含量超过了婴儿所能接受的安全上限。同时，福岛第一核电站周边地区的 11 种蔬菜，也被检测出高于安全水平的辐射量。放射性物质还越过重洋，美国的加利福尼亚州、冰岛首都雷克雅未克以及韩国等都检测到了来自日本的核放射物，中国的北京、宁夏和东南沿海各省也检测到了微量核放射物。

随后，日本东京电力公司对福岛第一核电站的取水口海水进行了取样，检测结果显示海水中含有的放射性物质超过了安全标准值 3300 倍，同时还检测到放射性物质铯-137，浓度也是日本国家安全标准值的 2400 倍。在处理泄漏事故时，日本向海里排放了遭污染的水，更是引发了邻国的不安。

核污染有何危害呢？

日本福岛第一核电站发生核泄漏事故后，在核电站内留守的多名员工遭受到了强辐射，且多为体内辐射。据放射科专业医师介绍，体内辐射很恐怖，因为没有有效的处理方法，被辐射后只有等死。2012 年 3 月 26 日，东京电力公司首次采用内视镜调查后表示，在高辐射之下停留 8 分钟的话，人就会死亡。

福岛第一核电站事故发生后，福岛县境内的家畜大量死亡或受到放射性物质污染，农家无法继续饲养，更因此失去了经济来源。地震海啸发生后 3 个月，福岛县一名经营乳酪业的农夫因绝望而上吊自杀，遗书中留下这样一句话："如果没有核电站事故的话，我也不会耗尽工作的气力。”海啸后的 5 月 20 日，日本厚生劳动省发布福岛、千叶、茨城、枥木 4 县茶叶中的铯含量超标，福岛、千叶、枥木 3 县的茶叶被禁止流通。

而在韩国，地震海啸后，4 月 7 日韩国全境普遍降雨，全国 11 个监测站在采集的雨水中检测出放射性物质碘-131，部分地区还检测出了放射性物质铯-137 或铯-134。与此同时，韩国所有监测站连续两天在采集的空气样本中检测到放射性物质碘和铯。

在中国，距离日本万里之遥的广东陆续在莙荙菜、莜麦菜、生菜、小白菜等蔬菜中检测到极微量的放射性碘-131，全省立即启动了食品和饮用水放射性污染监测工作。

如果不幸遭遇了核污染，在核污染区的人们应采取措施积极自救。

1. 不要随便接触受污染物品，不要坐卧和脱防护器材，严禁在污染区吃东西、吸烟和饮水，尽可能减少在污染区的停留时间，并尽快离开污染严重的地区。

2. 乘车时除应做好个人防护外，还要关闭车窗，盖严篷布，加大车距，车上人员不要随便下车，下车时尽量不要接触车轮和挡泥板。

此外，当人员或物体受到放射性物质的污染后，必须采取一定的方法来消除污染，以减轻射线对人的继续伤害。

1. 要及时消除皮肤和服装上的放射性灰尘。消除服装上放射性灰尘的方法是自己或互相拍打和抖搂服装。面部、耳窝、颈部和双手等处的沾染灰尘，可用干布或湿毛巾擦拭，有条件时再进行全身淋浴并更换清洁的服装。

2. 对道路、地面污染灰尘的消除，视具体情况，采用铲除、扫除或水冲洗等方法实施。

3. 对物品的污染灰尘，要根据物品的性质和污染的轻重来确定，一般可用扫刷、抹擦、清水冲洗等方法。

4. 人如果误食了受污染食物，误饮了被污染的水时，必须尽早处理，可采取催吐、洗胃、多喝水、排尿等方法排出。

筑高墙防巨浪

海啸制造的灾难十分巨大，那么，人类应该采取什么样的措施，才能使生活在大海边的人们摆脱海啸的阴影呢？

咱们先看看日本是怎么做的。日本是深受海啸肆虐的国家，因此对于海啸的防御，人们可谓费尽了心机。

今天，你如果到日本旅游，留心观察就会发现，在日本许多曾经遭受过海啸重创的小岛上，海边都矗立起一堵结实的高墙，它把岛上的居民点都置于保护之下。你可能会说："巨浪的威力那么大，高墙可能会不堪一击吧？"是的，一般的墙被巨浪轻轻一推便会倒塌，不过，岛上的这些高墙可不是一般的墙。这些墙有10米高，有一些地方厚达24米，可以抵御巨大能量的冲击。这些高墙的建立，在一定程度上给岛上居民安装了一道让人放心的"铁闸"。此外，小岛的海滨高处还装置了许多摄像机，它们把海平面的细微变化全都记录下来，技术人员一天 24 小时监控着港口。一旦警报拉响，岛上就会启动应急方案。

不过，迄今为止，这些岛上的海墙尚未经历过大型海啸的考验。尽管海墙可以提供一定的保护，但这并不意味着人们便可以高枕无忧，因为如果遇到 10 米以上的巨浪，如 1896 年日本三陆镇发生的海啸（那次海啸的巨浪超过了 27 米），这些防护墙便无能为力了。

除了日本，美国夏威夷也是一个遭遇过惨痛的海啸灾难的地区，因此这里对海啸的防护也特别重视。由于风光旖旎，每年都会有上百万游客来到这里度假。寸土寸金的海滨各处宾馆、饭店鳞次栉比，但它们都位于海啸的必经之路上。为了预防海啸，夏威夷大岛上希洛市的滨海饭店大都采取了特殊的设计：一楼为停车场，墙体设计为可让海浪顺利通过的通透式，高楼层则作为房客避难所。这样的设计便于房客“垂直逃生”。

中国东部沿海虽然濒临西北太平洋地震带，但发生海啸的次数较少。据历史记载，两千多年来，中国只发生过 10 次地震海啸，也就是说，平均 200 年左右才出现一次海啸，这是为什么呢？专家分析认为，中国海区处于宽广的大陆架上，水深大都在 200 米以内，不利于地震海啸的形成与传播；从地质构造上看，中国沿海地区很少有大断裂层和断裂带，在海区内也很少有岛弧和海沟，所以，即使中国海区发生较强的地震，一般也不会引起海底地壳大面积的垂直升降变化，也就是说，海啸的“发动机”很不给力。

不过，我们也不能放松对海啸的警惕。那么，海岛或沿海地区如何才能减轻海啸的危害？首先，要保护森林和红树林，不乱砍滥伐，尤其是不能破坏红树林的生态系统，这样海啸来了，它们才能有效减缓巨浪对海岸的冲击；第二，保护海边的环境，不污染海水，因为海水一旦污染，就会造成珊瑚虫大量死亡，从而使得珊瑚礁减少或消失；第三，不侵占海岸，不在海岸边修房造屋；第四，不过度捕捞鱼虾，维护海洋生态系统健康稳定。

海啸预警系统

“海啸正在袭来，请立即撤离!”2011年3月日本发生地震，海啸巨浪即将侵袭宫城县南三陆町之际，该町危机管理科的一名工作人员通过广播通知全县居民紧急撤离，而她却坚守岗位直至被巨浪卷走。

这位勇敢的女性名叫远藤未希，当10米高的巨浪汹涌袭来时，居民们听到未希在广播中不断播送海啸警报，她还鼓励大家赶紧寻找高地躲避，直到海啸吞没工作大楼，她的声音才消失。

专家指出，由于海啸在遥远的海面移动时不引人注意，而高速接近海岸时突然形成巨大的水墙，所以人们发现时往往逃之不及，因此，加强海啸规律特点研究，建立预警和紧急救援机制十分重要。

海啸预警的物理基础在于地震波传播速度比海啸的传播速度快。地震纵波的传播速度约为5.5～7千米/秒，比海啸的传播速度要快20～30倍，所以如果地震发生的地方离海岸较远，那么地震波要比海啸早到达数十分钟乃至数小时。所以，只要“捕捉”到地震波，就有希望在海啸袭来前拯救成千上万生命和避免大量的财产损失。

1946年，美国夏威夷遭受海啸灾难后，美国于1948年建立了海啸预警系统，并成立了预警中心。1960年，预警中心曾经准确地发出了一次海啸预警。当时，南美洲智利海岸附近发生了一场巨大的地震，产生了席卷太平洋的海啸。夏威夷处于它的必经之路上。5月22日，当夜幕降临时，预警中心发出了警报——海啸将于午夜前后袭击希洛。午夜快过去了，却只有小浪起伏，许多人不再理会警报，回到了海湾沿岸的家中。海啸最终还是来临，海浪足足有10米高。因为掉以轻心，希洛付出了61条性命和3000万美元损失的代价。

不过，海啸预警系统的预报也有失准的时候。1994年西北太平洋发生了大地震，美国太平洋海啸预警中心发出了海啸警报，30万人从整个岛屿和海滩上被疏散了出去。然而，当海浪到达夏威夷海岸时却只有15厘米高。公众对此颇有怨言，因为这次误报不但让他们受到了惊吓，而且紧急疏散还造成了数千万美元的经济损失。

2004年印度洋海啸造成重大灾难后，德国次年提出要为印度洋海啸早期预警系统的开发与安装提供技术支持，为此德国政府投入了5300万欧元，是印度尼西亚海啸预警系统最大的捐助国。这套系统同时得到了中国、日本等国的援助，耗资1.33亿美元，自2005年开始动工兴建，2011年11月12日正式启用。

但是，海啸预警对于“远洋海啸”比较有效，对于“近海海啸”（亦称“本地海啸”）来说，由于激发海啸的海底地震离海岸很近，地震波传播速度与海啸传播速度的差别造成的时间差只有几分钟至几十分钟，海啸早期预警就难以奏效了。所以，掌握相关的海啸前兆和逃生知识十分重要，我们平时一定要加强学习！

台风来临早回家

介绍完了地震海啸的逃生故事和相关知识，下面该轮到台风出场了。

相比地震海啸，台风制造的风暴潮就“温柔”多了，不过，再温柔的风暴潮也会制造船毁人亡的惨剧。

2004年7月27日上午，在广东陆丰市的近海海面上，一艘渔船正在进行捕捞作业。尽管前一天便收到了台风警报，但3名渔民仗着出海经验丰富，并未将台风放在心上。他们决定趁台风到来之前，多捕捞一些海鱼。

一条条鲜活的鱼儿从海中捞起来，在甲板上拼命蹦跶，3个渔民看在眼里，乐在心头。不过，就在他们忘乎所以地作业时，海面上起风了。

风越来越大，浪越来越高，渔船像一片树叶漂浮在大海中，摇摆得越来越厉害。

“赶紧返港避风!”领头的渔民见情形不对，急忙掉转船头，准备往港口方向开去。

然而风浪实在太猛了，船挣扎着开了一会儿，不但没有前进，反而被推着朝港口相反的方向荡去。

“大哥，不行了，再这样下去，船迟早会被打翻……”另一个渔民话还没说完，一个浪头打来，船一下翻了，3人瞬间被浪头吞没。

这天上午11时，台风在广东惠来至陆丰之间登陆。登陆时近中心最大风力达8级，瞬时风速最大达到了10级。一时间，海面上狂风呼啸，波浪滔天。

渔船被打翻后，其中的一名渔民被路过的船只救起，但其余两人却失踪了。

类似的情况还出现在西沙群岛。2013年9月1日，8艘渔船从广东台山出发，向着茫茫大海进发，这其中便包括“粤台渔61008”号渔船，船长名叫陈松殷。他们此行的目的，是到南海进行捕捞作业。行进途中，有3艘渔船因故返回了台山。陈松殷他们先是在中沙群岛捕捞了三天，后因天气不好，5艘渔船掉转方向，转到西沙东岛继续作业。

在作业过程中，这些在海上漂泊的人们突然接到了台风“蝴蝶”预警信息。“蝴蝶”是2013年太平洋台风季中第21个被命名的热带气旋，它于 9 月 27 日 14 时在南海中部海面上生成，28 日凌晨，“蝴蝶”迅速“长大”，成为强热带风暴，当天下午它便“化茧为蝶”，成了可怕的台风。29 日 11 时，“蝴蝶”在海南省三沙市海域成长为强台风。

“蝴蝶”在海面上“飞舞”，掀起的可怕巨浪向海上打鱼的人们扑去。接到台风预警信息后，陈松殷他们赶紧将渔船停靠到西沙珊瑚岛内避风。29 日早上 6 点，海上的风浪并不大，大家都觉得没有什么问题了。但到了 10 点多，风浪越来越大。到了下午 2 点左右，风浪把船上的电视、卫星电话都打坏了。在巨浪和大风的猛烈袭击下，3 艘渔船陆续沉没，船上的 74 名作业人员瞬间被吞噬……

专家告诉我们，台风来临前，出海渔船（包括小型渔船）应尽快回港或到就近港口避风，千万不能在海上作业。若渔船在海上不幸遇险，应立即发出求救信号，并将出事时间、地点、海况、受损情况、救助要求、联系方式以及事故发生的原因等，向渔业行政主管部门和海事机构报告，并采取一切有效措施组织自救。

离开船只上岸

台风来临时，船只都应驶入港口躲避风浪，而且在进入港口后，船上不应留人，否则也可能会造成灾难。

2006 年 8 月 10 日，中华人民共和国成立以来最强的台风“桑美”在浙江登陆，它的风力为 17 级，中心风力更是达到了惊人的 19 级，风速达到了 68 米/秒。

在“桑美”登陆之前，海上船只接到台风警报后，纷纷驶往附近港口避风。其中，浙江福鼎市的沙埕港接纳了 12 000 多艘船只。其中外地船只有 9000 多艘，这些船只的主人大多留在船上，他们在这个自以为安全的避风港里，静静地等待着台风的到来。

8 月 10 日下午，“桑美”从中国的东海起程，一路狂奔来到了浙江近海，它的速度大约为 270 千米/时。谁也没有想到，台风此行的目标，竟然就是福鼎市的沙埕港！

10 日深夜，当港口刮起猛烈大风，平静的港湾中巨浪奔腾时，在这里躲避台风的渔民吃惊地发现，沙埕港并不安全。

狂风巨浪掀起渔船，像打乒乓球一样，将它们在海面上弹起来，接着又狠狠地砸下去……那个漆黑的夜晚，原本用来避风的沙埕港竟然变成了死亡之港。

台风过后，被砸坏的船只横七竖八地摆满了沙埕港的海滩。不仅是小渔船遭到了毁坏，一些上百米长的大船也被台风掀翻了。据不完全统计，在“桑美”的肆虐下，共有 600 多艘船只沉没，有的船只被卷得无影无踪，有的只在水面上露出一根桅杆。更可怕的是，当船只被掀翻打沉后，留守在船上的人们也遭了殃，他们中的大部分人再也没有上过岸，台风过后，水面上漂浮起一具又一具尸体。

渔民们当时为什么没有回到安全的陆地上，而是冒险留在了船上呢？

据了解，台风来临前一天，当地政府曾要求船上人员必须上岸避风，但由于这个要求无法强制执行，一些人因此留在了船上。渔民们虽然提前知道了台风即将到来的消息，但由于船上看不到电视，无法知晓更多台风信息，一些人虽然打电话回家询问了一下，但家里的人不太懂这方面的知识，没有给他们讲明白，渔民们还是选择了留在船上。一名遇难者的家属告诉记者，如果知道台风会正面袭击沙埕港，那么他的亲人们肯定不会留在船上！

这起台风惨剧告诉我们，台风来临之前，应积极关注相关预报信息，千万不可马虎大意！

对于海上船舶的避险，专家提出了一些忠告和建议：

1. 台风来临前，船舶应听从指挥，立即到避风场所避风。为了安全起见，船上的人应离开船舶上岸。

2. 万一躲避不及或恰好遇上台风时，应及时与岸上有关部门联系，争取救援。

3. 等待救援时，应主动采取应急措施，迅速果断地采取离开台风区域的措施，如停航、绕航或迅速穿过台风区域等。

4. 强台风过后不久的风平浪静，可能是台风眼经过时的平静，此时泊港船主千万不能为了保护自己的财产，回去加固船只。

5. 有条件的应在船舶上配备信标机、无线电通信机、卫星电话等现代设备。

6. 在没有无线电通信设备的时候，当发现过往船舶或飞机，或与陆地较近时，可以利用物件及时发出易被察觉的求救信号，如堆“SOS”字样，放烟火，发出光信号、声信号，摇动色彩鲜艳的物品等。

专家还指出，船舶在海上遇到台风时，为了避免被卷入台风中心或中心外围暴风区，一般采取避航方法。船舶可根据台风的动态和强度不失时机地改变航向和航速，使船位与台风中心保持一定的距离，处于本船所能抗御的风力等级的大风范围以外。同时，应根据台风的情况和动态预报以及现场观测的风力、风向和气压的变化情况判明本身所在位置，采取适当的航行方法，尽快远离台风中心。

别在海边玩耍

台风到来时，狂风劲吹，大浪凶猛，这时的海滩是一个十分危险的地方。

2012 年 8 月 1 日上午 8 时，温州苍南渔寮附近的海面上，风呼呼地刮了起来，虽然台风没有直接在这里登陆，但受台风外围影响，海面上仍波涛澎湃，海浪一浪高过一浪。

风急浪高，但海边上有一群人玩得正开心。来自安徽的李先生带着 9 岁的女儿，和一群亲戚朋友租了一条皮划艇，正在海岸边推着玩。李先生是一名出租车司机，平时难得陪女儿玩耍，今天好不容易有空，因此不顾天气情况，准备好好陪女儿玩耍。

皮划艇上坐着李先生的女儿小米及侄子小乐，李先生和小舅子杜某刚把皮划艇推出几米远，突然一个大浪掀了过来，艇上的两个小家伙吓得直叫。“危险，快把船拉上来！”亲戚孙某看情形不对，一边大喊，一边冲到岸边，准备帮忙把皮划艇拉上岸。然而风浪似乎把皮划艇粘住了，任凭三个大人用尽力气，皮划艇都无法被拉动。正当他们一筹莫展的时候，一个更大的浪拍打过来。只听“啊呀”一声惊叫，艇上的两个小家伙一下被浪打了下去。小乐落水后，很快被附近另一条皮划艇上的游客救起，而小米却没有这么幸运，她被海浪裹挟着，直接朝海里卷去。“小米——”眼看女儿就要被海水吞没，李先生大叫一声，奋不顾身地扑了过去。很快，父女二人都没了踪影。

听到呼救声后，救生员赶紧跳到海里去搜救，但此时风浪越来越大，救生员只得退了回来。现场的人赶紧报警，派出所民警和 120 急救中心也来到了现场。十多分钟后，海浪将李先生父女推回了岸边，虽然经过抢救，但还是没能挽回他们的生命。

这个活生生的事例告诉我们，台风到来时，即使是台风外围影响区的人们，也应提高警惕，一定要远离海边，不能拿自己的生命开玩笑!

此外，一些海边虽然有防护堤和围栏，看似十分安全，但台风来临时，也隐藏着极大危险。2013 年 9 月 10 日，英国两名少年不顾生命危险玩“躲避波浪”游戏，便经历了一场惊险万分的波浪冲击，差点丢掉了性命。当天傍晚，两名少年来到海岸边玩耍，当高达 15 米的巨浪扑向岸边时，他们不但没有逃跑，反而待在岸边，紧紧抓住了人行道边的铁栏杆。巨浪像水墙一般，将他们完全吞了进去。两人被罩在巨浪之中，呼吸困难，全身湿透，只听身边的铁栏杆“咔咔”作响，似乎随时都会断裂……当路人和警察将他们救出来时，两人脸色苍白，浑身战栗，休息了好一会儿才喘过气来。

2013 年 8 月下旬的一天，中国浙江的钱塘江大潮迎来汛期，许多游客前往观看，想亲身感受一下钱塘江大潮的磅礴气势。不料那天刚好赶上台风“潭美”来袭，台风和天文大潮叠加，江边掀起了二十多米高的浪头。巨浪如猛兽一般冲破挡浪墙，当场打翻数百名游客，其中三十多名游客不同程度受伤。

上述事例告诉我们，当台风来临时，千万不能忽视它的巨大威力，应远离海边，不在海边玩耍。

不要下海游泳

台风来临时，不能在海边玩耍，而下海游泳更是大忌。

2011年6月5日，在广西北海的大墩海海滩上，5名青年穿着短裤，正准备下海游泳。这些青年都来自外地，他们早就听说北海的海滩十分漂亮，今天一见，果然见海水清澈喜人，沙滩上白沙晶莹，景色看上去十分美丽。他们迫不及待地脱去衣裤，准备与海水来个“亲密接触”。

不过，今天的天气似乎不太妙，海面上风很大，浪头一个接一个地涌来，在岸边掀起很高的浪花，声音听上去有些吓人。

“海上的风浪太大了，现在下去会不会有危险?”一名青年有些胆怯。

“哈哈哈哈，你要是害怕，就在岸边帮我们看衣服吧!”其他人嘲笑起来，这名青年不由脸红了。

很快，走在前面的青年便下到海里，开始畅游起来。这名胆小的青年小心地跟在后面，没敢走到深水里去。

不知不觉，海上的风越来越大，浪也越来越高。风浪把几个在深水区游泳的青年推搡得离海岸越来越远。

“风浪太大了，你们赶紧回来吧!”胆小的青年站在浅水区，焦急地看着海面，心里隐隐升起一种不祥的预感。

那几个青年挣扎着，他们也想游回岸边，但海浪阻止了他们回去的路径。

“救命啊——”有人终于叫喊起来，但他的声音迅速被风声和海浪声淹没了。

很快，几个在深水区浮沉的脑袋不见了，海面上只剩下汹涌的海浪……

这起下海游泳引发的灾难给人们敲响了警钟。专家指出，台风来临时掀起的海浪，连船只也可以掀翻、卷走，当然更不用说下海游泳的人了，即使是在风浪相对平静的海湾，人们也不可以冒险下海游泳。专家同时指出，溺水者被海浪卷走后，2～3分钟内是关键时刻，需要救生员5分钟之内赶到并将溺水者救起，否则被海浪卷着来回冲击的溺水者很容易窒息身亡。但在风急浪高的大海上，救生员下海救人也面临生死考验，很多时候根本无法下海去救，因此，游泳者一旦被海浪卷走，一般都难以生还。

其实，除了猛烈的台风，一些季风也会掀起海浪，对下海游泳者也能构成巨大威胁。如受西南季风影响，北海海域每年春末夏初时节都会翻起大浪和暗涌，对游泳者、冲浪者以及海上作业船舶造成极大威胁，游客溺亡事故时有发生。因此，一般的海滨浴场都会警示游客：勿到非游泳区和深水区游泳！

谨防“天外飞物”

台风来临时，一般应待在屋里，尽量减少外出，但因特殊原因不得不外出时，就须特别留意了。

台风天外出，该如何保证安全呢?

2008年8月，台风“鹦鹉”在广东沿海登陆，它在陆地上刮起猛烈大风，阵风风力达6级以上，其中最大风力达到了可怕的10级。

8月22日下午，台风抵达东莞，该市东城区温塘社区天气阴暗，狂风劲吹，大树被刮得东倒西歪，不时可听到树枝断裂的“咔嚓”声，一些广告牌也被大风刮得摇摇晃晃。下午1时多，9岁的男孩小鹏与其他4个邻居小孩一起，到一家店铺门口玩耍。小鹏的老家在湖南衡阳，两年前，他被打工的爸爸妈妈接到东莞，目前在东城佳华学校念小学三年级。

5个孩子中，小鹏的个子最高。看到大风把整座城市刮得昏天黑地，大家都觉得有种莫名的兴奋。“走，到那边去看看!”小鹏指着一处被风刮得“哗哗”直响的地方说。“好啊，走吧!”其他人点头同意，并很快朝前走了。小鹏刚想走时，头顶上面突然传来“哗啦”一声巨响，一块重约50公斤的铝合金广告牌被风刮断，劈头盖脸地砸了下来。小鹏来不及躲闪，广告牌重重地砸在他的脑袋上……被紧急送到医院后，医生检查发现，小鹏的前颚骨被砸裂了一道将近5厘米的口子，脑部轻微出血。在医院住院治疗了10天，小鹏才算脱离了危险。

与其他人相比，小鹏还算是幸运的了。2010年7月16日19时50分，台风“康森”在三亚市亚龙湾登陆。一时间，美丽的三亚市区狂风大作，到处乱成一团，街上行走的人们都想尽快赶回家中，但大风刮得他们步履艰难，踉踉跄跄。就在人们着急赶路的时候，路边突然传来一声巨响，一块大型广告牌从天而降，两个路人不幸被广告牌砸中，当场丢了性命。

近年来，台风登陆时，刮断广告牌砸伤砸死行人的惨剧屡屡发生。专家指出，这是因为广告牌一般受风面积大，而且制作广告牌的材料大多是比较轻薄的金属，当风力很强时，广告牌极易被刮断。这些被损坏的重物从天而降时，便可能会砸中在下面避风避雨或正在行走的路人。

因此，专家提醒：台风来临时，千万不要在临时建筑物、广告牌、铁塔、大树等附近避风避雨。当你从这些地方经过时，也要特别留意天空，谨防被“天外飞物”砸中。

此外，当你经过一些残破的围墙时，也要千万小心，因为有的围墙被雨水渗透后，可能会松动，被大风一吹便会倒塌。如 2008 年 8 月 22 日中午，在台风“鹦鹉”带来的狂风中，东莞市一名妇女从工厂下班后，急匆匆地往住处赶去，当她走到一处单薄的围墙前时，围墙突然在风中齐根倒塌。她来不及躲闪，整个人便被掩埋在了砖砾废墟中，当场身亡。另一名下班路过此处的女孩也受了重伤。

专家还指出，现在的建筑工地比较多，当你经过建筑工地时，最好保持适当的距离，因为一些散落在高楼上没有及时被收捡的材料，譬如钢管、榔头等，说不定会被风吹下。有塔吊的地方更要注意安全，因为风大，塔吊臂有可能会折断。还有些地方正在进行建筑立面整治，人们在经过脚手架时，也最好绕行。

骑车要小心

台风到来时，骑车要特别小心，因为大风有时会给骑车人制造很大的麻烦，有时甚至会把自行车吹翻。

2013 年 9 月下旬，台风“天兔”在中国东南沿海登陆。22 日上午，福建省漳浦县警察正在街上巡逻，以救助那些在台风中受灾的群众。这时，有人匆匆赶来报警：“佛昙镇有人被狂风卷进水沟里，怎么也出不来了！”

警察赶到佛昙镇，果然看到在该镇鸿江大街的一条水沟里，一男一女两个年轻人和自行车被卡住了。两人衣裤全湿，下半身泡在水里，正大声呼救。警察赶紧上前，经过一番努力，终于将两个年轻人从水沟里解救出来。

经过询问，警察得知，两人骑车出发时，天上正在下雨，坐在车后的陈某把雨伞撑开，帮助骑车的杨某遮挡风雨，不料风越刮越大，在经过鸿江大街时，狂风竟将雨伞吹折，伞一下罩住了杨某，杨某一紧张，把车骑进了路边的水沟，连人带车卡在水沟里。

专家指出，台风天最好不出门。必须出门的话最好不要带伞，特别是对骑车的人来说，撑伞骑车往往更危险，因为只要风一大，雨伞一受力，骑车人就会控制不住自行车。

而在台风到来时，如果要出远门，也一定不要选择骑自行车。据媒体报道，2009 年 7 月，台湾台中市一名刚刚小学毕业的学生，趁暑假期间跟着爸爸一起骑自行车环岛旅游，没想到父子俩出发没两天，便遇上台风“莫拉克”来袭。当时他们已经抵达了台东，台风到来时，海上狂风怒吼，巨浪咆哮，大雨倾盆，父子俩只得中止了骑行，希望在台风过境后再出发。谁知台风过后，当地通往外面的道路被泥石流冲垮，而铁路也中断，父子俩无路可走，被困在台东足足 8 天。当地没水没电，连洗澡都困难，父子俩可谓吃尽了苦头，直到 8 天后，他们才跟着受困工人乘车离开了灾区。

专家指出，台风天不但骑自行车危险，就是开车也存在风险。在航空、铁路、公路三种交通方式中，如果一定要出行，建议选择坐火车。与其他交通工具相比，火车的安全性要高一些。另外，台风过境时，常常会带来暴雨，而暴雨容易引发山体滑坡、泥石流等地质灾害，因此灾后出门，特别是去山区，一定要事先了解路段情况，如遇到溪谷水量暴涨而冲断桥梁或因塌方而不能通行的，一定要等危险解除以后再前进，千万不要贸然进山。

天气图上“追”台风

台风是制造巨浪的一大“凶手”，那么，有办法“捕捉”它吗？下面，咱们一起去看看气象专家是如何利用科技手段“追踪”台风的。

天气图是目前气象部门用来分析和预报天气的一种特制地图。在天气图上，有许多“点”，一个“点”代表一个气象站，而“点”周围的数字分别表示温度、气压、风向、风速等气象观测值。一条条光滑的曲线代表等压线，线条围起来的圆圈，有的表示高气压，有的表示低气压。

说起天气图的来历，还有一段鲜为人知的历史哩。

1853 年至 1856 年，沙皇俄国为了争夺巴尔干半岛的控制权，与英法等国爆发了著名的克里木战争。这场历时近四年的大战，主要是在海上进行的，而给人们留下深刻印象的海战，是发生在 1854 年的黑海战役。

1854 年 11 月 14 日，英法联军的舰队在黑海上与沙俄海军相遇，双方立即展开激战。正当战争形势有利于联军时，一场风暴突然降临。转瞬之间，海面上狂风大作，波涛怒吼。当风暴中心临近时，海面上的最大风速甚至超过了 30 米/秒，猛烈的飓风掀起万丈狂澜，一个接一个的巨浪扑向双方船只。由于联军舰队处于迎风面，巨浪袭来，一些军舰很快被打翻沉没，再加上沙俄炮火的轰击，英法联军的舰队大败而逃，差点全军覆没……从黑海归来后，联军对这场风暴心有余悸。为了弄清风暴的来龙去脉，法军作战部要求法国巴黎天文台台长勒佛里埃对此进行仔细研究。

因为那时还没有电话，勒佛里埃便写信给各国的天文、气象工作者，请他们帮助收集当地 1854 年 11 月 12 至 16 日的天气情报。很快，各国气象工作者便反馈了信息。根据这些气象信息，勒佛里埃经过认真分析、推理和判断，终于弄清黑海风暴来自茫茫的大西洋，它自西向东横扫欧洲，黑海战役前两天（即 11 月 12 日和 13 日），欧洲西部的西班牙和法国已先后受到它的影响。

“这次风暴从表面上看来得突然，实际上它有一个发展移动的过程。如果当时欧洲大西洋沿岸一带设有气象站，工作人员用电报方式及时把风暴的情况告知英法联军的舰队，不就可避免惨重的损失吗?”望着天空中飘忽不定的云层，勒佛里埃豁然开朗。次年 3 月 19 日，他向法国科学院提出了组织气象站网的设想，即用电报把观测资料迅速集中到一个地方，分析绘制成天气图，从而推断未来风暴的运行路径。勒佛里埃的这一独特设想，在法国乃至世界各地引起了强烈反响。1856 年，法国率先成立了世界上第一个正规的天气预报服务系统。之后，其他国家也先后仿效建立了自己的气象站网。根据气象站网提供的实时观测资料，绘制成天气图，便可以在一定程度上监测台风等气象灾害的动向了。

一张小小的天气图，怎么能“追踪”威力无比的台风呢？这是因为台风是低压天气系统，一个成熟的台风，在天气图上的样子就像一个大漩涡。因此，当台风在海面上一“降生”，其行踪往往便会暴露在天气图上。当它移动时，在天气图上的位置也会相应改变。气象专家根据不同时间制作的天气图，就可以判断出台风的大致移动方向以及它移动的速度了。

飞机“追风”行动

用天气图虽然可以“追踪”台风，但由于台风生成于热带海洋上，那里面积辽阔，气象站稀少，因此台风“诞生”后，往往在天气图上不容易被发现。为了弥补海上气象站点的不足，气象工作人员还会采取一些“追风”措施。因为台风的范围实在太大了，而且移动的速度也较快，人们在地面上跟不上它的“步伐”，因此只能利用飞机来追踪。用飞机携带各种仪器在台风可能发生的地区上空侦察，当台风出现后，在台风顶端投下附有降落伞的无线电探空仪，侦测台风内部各种气象要素。

大家都知道，台风威力巨大，破坏力超强，追踪台风，可能会面临机毁人亡的巨大危险。不过，不管台风有多牛，气象专家也“明知山有虎，偏向虎山行”。追踪台风的飞机一般被称为“追风”飞机，相比其他飞机，“追风”飞机更轻便灵巧，飞机上也安装有雷达等专门的气象设备。

好啦，台风已经进入近海，马上就要登陆了。咱们的气象专家准备一番后，赶紧登上了飞机。尽管天气十分恶劣，但“追风”飞机还是强行起飞，并径直向台风来临的方向飞去。台风区域的云层通常厚达十几千米，就像一堵又高又厚的墙壁。飞机在“墙壁”里穿行，不但颠簸得十分厉害，而且舷窗外面的闪电就像一条条火蛇，令人心惊胆战。越靠近台风中心，风力越强，颠簸越厉害。很多时候，飞机就像一片树叶在云层中飘浮，机翼“嘎嘎”作响，随时都有折断的可能。在这种情况下，专家们还要克服巨大的心理障碍和身体不适感，坚持观测风向、风速、大气压强等数据，收集台风的第一手资料……终于，飞机穿过厚厚的云墙，来到台风的中心——台风眼。别看台风横行霸道，但在台风眼里却天气晴朗、和风习习。不过，台风眼时刻都在移动，狂风暴雨时刻考验着勇敢的人们。

最早进行台风追踪的是美国，20世纪六七十年代，美国气象专家就曾驾驶“追风”飞机穿越了台风的中心。近年来，中国也开始了“追风”行动。2009年，中国气象部门尝试派遣“追风”飞机从广东起飞，穿过第7号热带风暴“天鹅”和第8号台风“莫拉克”的空隙之间进行观测。虽然一次飞行的花费在30万～50万人民币，但对提高台风预报精度帮助极大。据报道，今后几年之内，中国还将争取实现“无人机追风”，即利用无人飞机穿越台风眼，观测和收集台风数据，从而提高台风预报预测水平。

天罗地网盯台风

除了上面讲的两种“追风”方法外，人类还布下了“天罗地网”，台风一“诞生”，便被牢牢地盯上了。

“天罗”指的是人造地球卫星，而“地网”则是指天气雷达。

台风到底“长”什么样？在人造地球卫星上天之前，人类对这个

"庞然大物"的模样并不是太清楚，这就如蚂蚁站在一只大象面前，无论怎么努力，都无法看清大象的全貌。因此，在卫星使用以前，对台风的预报比较困难。一般情况下，台风的"出生"和"成长"，气象人员都很难察觉到，一直要等到台风"长大"，发展到很强的时期才能被人们发现。对台风位置的确定，以及它的移动速度、移动方向等，气象人员的预报也不够准确。

1957年，随着第一颗人造地球卫星冉冉升空，人类开始了从太空探测地球上风云变幻的新时代。为了监测台风等灾害性天气，包括中国在内的许多国家都发射了气象卫星。气象卫星就像人类安装在太空中的一面镜子，把地球上的风云变幻都映照其中，并拍摄下来传回地面。

我们平时看到的卫星云图分为两大类，一类是可见光卫星云图，它是利用云顶反射太阳光的原理制成的：比较厚的云层反射能力强，在云图上会显示出亮白色，而云层较薄则显示暗灰色——这类云图很直观，地球上哪些地方有云，哪些地方无云，一看便知道。台风生成后，大团的积雨云就会旋转，像车轮一样向前移动，因此，它在卫星云图上十分显眼，其行踪也就自然明了了。

不过，可见光卫星云图是利用太阳光拍摄的，一旦到了夜间，太阳转到另一面之后，卫星便不能跟踪台风了。别急，人类自有办法，这就是利用卫星上安装的红外线继续拍照，它所发回来的图片，叫红外线卫星云图。这种云图上的颜色，表示的是云层的温度。一般温度越低、高度越高的云层，图上的色调越白，反之色调越黑。而台风云层的温度明显高于周围地区，因此，气象人员通过红外线卫星云图，可以在夜间继续"追踪"台风。但红外线卫星云图也有缺点，这就是它的分辨率比可见光卫星云图低，所以，气象人员通常是将它们结合起来使用，使它们的优势互补，从而将台风时刻置于监控之下。

人类通过卫星监视全球风云，弥补了占地球表面积71%的海洋上的观测空白区，因此，有人把卫星称为“天眼”。在“天眼”的帮助下，气象人员能比过去提前二三天发现台风，特别是布设在赤道上空的静止卫星，它们时时刻刻监测，已能把台风的形成、发展、源地、路径、移动等许多问题探测得很清楚，哪怕是一个微小的台风，甚至一片雷雨云，卫星也能完整地拍照下来，从而提高了人类“捕捉”台风的能力。

说完了“天罗”，咱们再来看“地网”。

瞧，不远处的山顶上有一座高楼，楼顶有一个半球状的东西，看上去像一个超级大足球。那座高楼会不会是足球俱乐部所在地呢？非也，那是气象局的天气雷达楼。楼顶上的那个圆球并不是足球，而是天气雷达的天线。

当台风从远处的海洋上一路狂奔，气势汹汹地到达近海地区时，天气雷达就可以派上用场了。天气雷达由几个基本部分组成，第一部分是发射机，其功能是产生高频脉冲；第二部分是定向天线，主要用于发射探测脉冲和接收回波脉冲；第三部分是接收机，主要功能是放大回波脉冲信号；第四部分是显示器，即显示降水区、风暴等相对于雷达的位置以及回波强度和结构。天气雷达为何能探测到台风呢？这是因为台风本身是一个旋转的巨大气团，它里面的云大都是积雨云，携带着大量的水汽。当天气雷达启动时，天线不停地向外发射探测脉冲，当它们碰到台风的云层后，就会很快反射回来，并在显示器上形成回波图。气象人员只要看一眼雷达回波图，就知道台风距离本地有多远了。

利用天气雷达，气象人员可以判断出三四百千米范围内台风的位置、动向、云雨分布的情况。为了站得高，看得远，天气雷达一般都布设在山上，如广东省汕头市的天气雷达站就建在一座海拔 200 米的山上，它的监测半径达到了 600 千米。为了监测台风，气象人员有时在山上一守就是一个多月。该雷达站自 1967 年投入使用以来，已经

“捕捉”到了二百多个台风。

台风预报知多少

在了解台风预报之前，咱们先来看看近年来台风的发展趋势。

2007年1月29日至2月1日，联合国政府间气候变化专门委员会在法国巴黎召开会议，共有113个国家的300多位代表参会。会上，专家们审议并通过了第一工作组第四次评估报告，其中就有关于台风的评估。报告指出，自20世纪70年代以来，全球呈现出热带气旋强度增大的趋势，而大量的气候模式模拟结果也表明，随着热带海洋表面温度的进一步升高，未来热带气旋可能会变得更强，风速更大，降水更强。

海表温度升高，台风为何会变得更强呢？我们都知道，一个胎儿在母亲腹中时，如果营养充足，发育情况良好，那么他一出生便具备了较强的身体素质。台风的孕育和诞生与此差不多。近年来，随着全球气候变暖，台风“老巢”——热带海洋上的海水温度有所升高，从而加大了海水的蒸发，并使海面上的气温跟着上升，这些都为孕育台风提供了充足的能量。台风“诞生”后，在移动成长的过程中，又会吸收到源源不断的能量，因而它变得更强。

与全球的台风一样，登陆中国的台风也在逐年增强。1949年至2006年，共有522个热带气旋登陆中国，登陆频次虽略有减少，但登陆时的强度却有逐年增加的趋势，并且在登陆台风中，强度较强的热带气旋所占比重也呈逐年增加的趋势。

台风强度逐年增加，意味着造成的灾难会加重，这对台风预报提出了更大的挑战。

不管“追风”也好，监测也罢，说到底，准确预报台风才是硬道理。

在古代，台风造成的危害十分惨烈，所以古人很早便开始了台风预报的探索。古代没有气象卫星等高科技装备，因此人们只能通过云色变化、动物栖伏等现象对台风进行预测。唐朝的时候，一个叫刘恂的人在他撰写的《岭表录异》一书中，记载了一个现象：“夏秋之间，有晕如虹，谓之飓母，必有飓风。”这可以说是中国最早的台风预报。在台风肆虐的东南沿海，人们也总结出了一些经验，如“六月一雷止三台，七月一雷九台来”。意思是说六月只要打雷，台风便不会出现；七月如果打雷，那么台风就会接踵而至。当然，这些“预报”都十分宏观，只能作为人们预测台风的一个参考。

现在，我们不但有了天气图，还有卫星和天气雷达等，这些对台风的监测起到了至关重要的作用。不过，台风具体在哪里登陆，什么时间登陆，强度到底有多大等，则需要气象人员对各种资料进行分析而做出判断。

目前，对台风路径、强度的预报主要有两种方法：统计学方法和动力学方法。统计学方法是根据历史上台风的路径、强度等资料来构建统计模型，然后做出预测；动力学方法则主要是用数值模式来预测预报。据专家介绍，从世界范围来看，目前台风的路径预报较成熟并在近二十年里发展迅速，预报也比较准确，但对台风的强度预报仍很难把握。与台风路径预报相比，台风的强度预报目前仍是世界性难题，它就像一座堡垒，等待着人类进一步攻克。

发布台风警报

一个台风从“诞生”到“成长”，都被人类紧紧盯着，一旦它有造成灾害的趋向，气象部门就会发布台风警报，提醒本地区人们做好防灾准备。

中国的台风警报分为三个等级，即消息、警报和紧急警报。

当太平洋上有台风生成，并且在三天左右可能影响中国沿海时，气象部门就会先发布“台风消息”，这个消息主要是提供台风的实况，如台风的中心位置、强度、大风范围和台风前进的方向和速度等，以引起大家注意。这个消息，气象台一般会通过电视、网络、广播、手机短信等告之大家。接收到台风消息后，我们就应时刻关注它的动向，特别是一些经常出海的人，更要根据台风的“动静”来合理安排计划，避免出海时与台风“迎面”相撞，造成不必要的伤害。

台风如果继续向沿海靠近，预计 48 小时内阵风将达 8 级以上，并对沿海某一地区有影响时，气象部门就会发布这个沿海海面的“台风警报”。台风警报的内容，除了台风消息的内容外，还要增加未来 24 小时和 48 小时台风的位置预报，以及对发布地区的具体影响，如风力将达到多少，会带来多大降雨等。台风警报表明台风已经朝我们所在的地区奔来了，此时要引起特别重视，并按照气象部门的提醒，做好必要的防灾避险措施。

当台风在未来 24 小时前后，将对沿海地区有严重影响，如会出现 10 级以上大风时，气象部门就会发布受影响沿海海面的“台风紧急警报”。台风紧急警报是气象部门发布台风预报最高一级的警报，除了强调台风影响的严重性外，还会有详尽的说明和风雨预报内容，以便人们全力以赴地与台风开展斗争。当我们接收到台风紧急警报时，就要高度注意，并要做好与台风搏斗的准备了。

当台风过境，并已远离当地，影响已基本结束时，气象部门就会发布“台风解除”的消息。只有接收到解除消息，我们才能把心放下来。

除了发布台风警报，中国气象局还制定发布了《突发气象灾害预警信号发布试行办法》，其中把台风预警信号分为蓝色、黄色、橙色和红色四级。

当 24 小时内可能或者已经受热带气旋影响，沿海或者陆地平均风力达 6 级以上，或者阵风 8 级以上并可能持续时，气象部门就会发布台风蓝色预警信号。此时要做好防御工作：1. 政府及相关部门按照职责做好防台风准备工作；2. 停止露天集体活动和高空等户外危险作业；3. 相关水域水上作业和过往船舶采取积极的应对措施，如回港避风或者绕道航行等；4. 加固门窗、围板、棚架、广告牌等易被风吹动的搭建物，切断危险的室外电源。

当 24 小时内可能或者已经受热带气旋影响，沿海或者陆地平均风力达 8 级以上，或者阵风 10 级以上并可能持续时，气象部门就会发布台风黄色预警信号。此时要做好防御工作：1. 政府及相关部门按照职责做好防台风应急准备工作；2. 停止室内外大型集会和高空等户外危险作业；3. 相关水域水上作业和过往船舶采取积极的应对措施，加固港口设施，防止船舶走锚、搁浅和碰撞；4. 加固或者拆除易被风吹动的搭建物，人员切勿随意外出，确保老人、小孩留在家中最安全的地方，在危房及附近的人员应及时转移。

当 12 小时内可能或者已经受热带气旋影响，沿海或者陆地平均风力达 10 级以上，或者阵风 12 级以上并可能持续时，气象部门就会发布台风橙色预警信号。此时要做好防御工作：1. 政府及相关部门按照职责做好防台风抢险应急工作；2. 停止室内外大型集会，停课，停业（特殊行业除外）；3. 相关水域水上作业和过往船舶应当回港避风，加固港口设施，防止船舶走锚、搁浅和碰撞；4. 加固或者拆除易被风吹动的搭建物，人员应当尽可能待在防风安全的地方，当台风中心经过时风力会减小或者静止一段时间，切记强风将会突然吹袭，应当继续留在安全处避风，在危房中及附近的人员应及时转移；5. 相关地区应当注意防范强降水可能引发的山洪、地质灾害。

当6小时内可能或者已经受热带气旋影响，沿海或者陆地平均风力达12级以上，或者阵风达14级以上并可能持续时，气象部门就会发布台风红色预警信号。此时要做好防御工作：1. 政府及相关部门按照职责做好防台风应急和抢险工作；2. 停止集会，停课，停业（特殊行业除外）；3. 回港避风的船舶要视情况采取积极措施，妥善安排人员留守或者转移到安全地带；4. 加固或者拆除易被风吹动的搭建物，人员应当待在防风安全的地方，当台风中心经过时风力会减小或者静止一段时间，切记强风将会突然吹袭，应当继续留在安全处避风，在危房中及附近的人员应及时转移；5. 相关地区应当注意防范强降水可能引发的山洪、地质灾害。

巨浪逃生准则

好了，咱们一起来总结巨浪逃生自救的基本准则。

第一，当然是看征兆，不管地震引发的海啸，还是台风引发的风暴潮，在来临之前一般都会有明显的前兆。对地震海啸来说，如果看到海水冒泡、海边出现深海鱼、海水暴退或暴涨、远处海面上有白线以及听到海上传来巨大轰鸣声、感觉到有地震发生时，一定要赶紧远离海滩。台风出现的征兆与云、虹、风等气象现象密切相关，如果仔细观察，并注意收听天气预报，你一定能及时躲避台风。

第二，地震海啸来临时，如果你当时正在船上，要赶紧把船驶往深海；如果你当时在海边，唯一的求生方式是往高处跑。若不幸被巨浪追上，要抓住身边牢固的东西，以免被巨浪卷走；如果被巨浪卷入海水中，要紧紧抱住漂浮物，并伺机爬到树上求生。

第三，在海中漂流时，要尽量减少体力消耗，捞取漂浮的椰果等解渴和充饥，切记不能喝海水。如果被海浪带往偏僻的孤岛上，要有活下去的信念和战胜困难的决心，一边求生存，一边想办法向外发出求救信号。

第四，台风来临时，不要乘船出海，在海里作业的渔船，要赶紧回港避风。台风到来时，不要在海边玩耍，更不能下海游泳。

第五，台风登陆时，外出应特别小心，最好不骑自行车。行走时，要谨防被风刮断的树枝、广告牌等砸伤。出外远行，要选择相对安全的火车。

巨浪灾难
警示录

日本三陆巨浪

咱们先来讲述地震海啸制造的灾难。

首先要说的是发生在日本的大海啸。日本是一个地震多发的国家，也是世界上常遭受海啸袭击的国家之一。自有记载以来，日本太平洋沿岸受到过多次猛烈海啸袭击，除了我们熟知的2011年发生的地震海啸外，还有一次大海啸造成的伤亡十分惨重，这就是发生在1896年的三陆大海啸。

一次震感微弱的地震

三陆隶属日本宫城县。宫城是日本东北地区的政治、文化、经济中心，这里东邻太平洋，西面与奥羽山脉为邻，物产丰饶，风景秀丽，是一个繁荣富庶的地区，它的人口约为日本整个东北地区的四分之一。

由于北方来的寒流和南方来的暖流经常在这里交汇，两股洋流带来了许多浮游生物，因此宫城附近海域的生物种类十分丰富，吸引了大批的海洋生物来这里觅食，从而造就了一个世界知名的渔场——三陆渔场。居住在三陆地区的人们，几乎家家以打鱼为生。

1896年6月15日19时32分，正当三陆地区的人们在家中吃晚饭时，房屋突然摇晃起来。“地震了!”人们赶紧放下手中的饭碗，从家里跑出来。但很快，震动停止，一切又恢复了平静。

“这只是一次小地震而已，不碍事!”人们相互安慰后，走进家门继续吃晚饭。在日本，由于地震频发，人们对震动已经习以为常。这次的地震由于震感不强且持续时间不长，许多人并没有将它放在心上。

的确，这只是一次 7.2 级的地震，而且震中是距离海岸 200 千米远的海底。按照常理，这样的地震引发大海啸的可能性不大，但谁也没有想到，此次地震中心位于日本西海沟俯冲带，地震使海底状况发生了极大改变，海水被巨大的能量搅动着，一场可怕的大海啸即将到来！

可怕的灾难

大海啸来临之前，居住在海边的山本一家正在吃晚饭。与邻居们一样，几分钟前地震发生时，他们一家五口都跑了出去，后来震动停止，他们又回家继续吃饭。

山本一边吃饭，一边习惯性地朝窗外看了看。他家的窗户正对着大海，透过窗户，可以将大海上的情景一览无余。不过，这天晚上外面一片漆黑，山本什么都没有看到。海风吹来，空气里有一丝凉意，不知为何，他感到身体颤抖了一下。

“可能要下雨了吧。”山本把窗户关上，端起碗继续吃饭。而他不到十岁的小儿子已经把碗里的饭吃完，跑到外面的海滩上和小朋友们一起玩起了游戏。

山本和众多邻居们都不知道，在夜幕的掩护下，大海正悄悄发生着可怕的变化。地震发生后没多久，三陆沿海便出现了一种奇异的现象。海岸边的水迅速向海里倒退了回去，那些常年被海水淹没的岩礁滩地突然显露出来。一些鱼儿在海滩上拼命挣扎，它们“噼噼啪啪”的跳跃声，很快被在岸边玩耍的孩子们听到了。

“快来啊，这里有鱼！”山本的儿子最先跑到海滩上，高兴地捡起了一条大海鱼。其他孩子也跑到海岸边，争先恐后地捡起了鱼儿。

“你们在干什么?”吃过饭的山本刚走出家门，便听到了孩子们的吵闹声。他走到岸边，眼前的景象让他大吃一惊。

“孩子们，赶紧上来!”山本严厉地大声说。在海边长大的他，听老人们讲过许多关于海啸的故事，凭直觉，他预感到一场灾难即将到来。

“爸爸，这里鱼真多啊，为什么要上来呢?”儿子不解地望着他。

“你连命都不要了吗?”山本急得大叫，“还有其他的孩子，赶紧上来吧!”

孩子们迟疑了一下，还是跟着山本的儿子往岸上走去。他们没走出几步，海面上便响起了“轰轰”的声音，伴随响声，一堵高耸的水墙以摧枯拉朽之势冲了过来。眨眼之间，海滩上的孩子们便不见了踪影。

山本赶紧往高处跑去，可没跑出多远，巨浪便追了上来，他被卷入海水之中，就在绝望之时，他的双手幸运地抓到了一根木头。

不知过了多久，山本终于浮出了水面，眼前的一切让他心寒彻骨：家园已经不复存在，整个三陆地区一片汪洋，水面上漂浮着密密麻麻的遇难者的尸体。

山本不知道，这次海啸造成的灾害有多么严重。高达25米的巨浪席卷了包括三陆在内的日本东部及北部沿海地区，1.4万多间房屋被毁坏，3万余条船只流失，27 000多人遇难，其中岩手县和宫城县死伤最为惨重，青森县和北海道也有人员伤亡。此外，海啸引发的巨浪还漂洋过海，波及了太平洋中部的夏威夷群岛，当海啸抵达时，在夏威夷群岛岸边掀起了10米左右的大浪，造成不少建筑物毁坏。由于猝不及防，一些人被巨浪卷走。海啸一直前行至太平洋西海岸才停止下来，但即便如此，在美国的旧金山也观测到了 20 厘米的波高。

令人吃惊的事实

在三陆大海啸中，还发生了一件令人吃惊的事情。

当海底地震发生时，一些三陆的渔民正在海上捕鱼。由于震感较弱，加上船本来就随海水在摇晃，因此渔船上的人们竟然没有察觉到海面下的地震。大家照样捕鱼，而且这天晚上的收获还颇丰哩。

天明之后，捕了一夜鱼的人们开始返航了。他们载着满满的鱼虾回到家乡时，竟然找不到自己的家在哪里——曾经的家园不是一片汪洋，就是已经成了废墟，而他们的亲人就在海水中漂浮着。悲痛欲绝的人们不知道发生了什么事，还以为家乡遭到了歹徒的洗劫。大家明白过来后，赶紧投入到救灾抢险之中。

三陆大海啸告诉我们，即使级别较低的地震，也可能带来伤亡巨大的海啸灾难。因此，对级别较低的地震也要高度关注，及时采取避险措施，避免重大灾难出现。

智利恐怖巨浪

接下来，咱们再说说智利大海啸。智利也是一个地震海啸频繁发生的国家，其中 1960 年 5 月发生的大海啸堪称人类历史上最严重的自然灾难之一。

制造这场大海啸的罪魁祸首，是人类有记录以来最大的地震——震级高达 9.5 级的大地震。

巨震来袭

如果你的面前有一张世界地图，你就会发现，位于南美洲西南部边缘的智利，真是一个十分奇特的国家。智利的国土南北长 4330 千米，而东西宽仅 90～400 千米，是世界上领土最狭长的国家。从形状上来看，细细长长的国土太像一把锋利的宝剑了。

是的，这是一把悬在人们头顶的达摩克利斯之剑。据说，智利是上帝创造世界后的“最后一块泥巴”。因为创造世界是一个既费神又费劳力的活儿，上帝干到最后有些力不从心，于是随手将手中的最后一块泥巴抹在了南美洲的西南部，由此形成了地形狭长的智利。结果上帝的“随便一抹”，留给智利人的是无穷无尽的灾难。当然，这仅仅是传说。

1960 年 5 月，厄运像一片挥之不去的阴霾，厚重地笼罩着这个多灾多难的国家。这次地震，对当地人来说，不亚于世界末日来临。

5 月 21 日凌晨开始，当地先后发生了 3 次地震，居民们全都跑到了外面躲避。22 日傍晚 19 时许，天空越来越黑，正当人们准备进屋歇息时，突然从不远处的海底传来了震耳欲聋的巨响。巨大的声音像几百架飞机从天空中呼啸掠过，又像是几千辆坦克在地面上隆隆开来。几秒钟后，大地剧烈颤动起来，房屋倒塌，灰尘遮天，到处都是人们发出的悲惨呻吟声。

这一波剧烈地震，使得智利的蒙特港几乎成了废墟。大地就像一个巨人翻身一样，一会儿这里隆起，一会儿那里下陷，海洋在激烈地翻滚，峡谷在惨烈地呼啸，海岸边的岩石在崩裂，碎石堆满了海滩。

强烈的地震刚刚过去，那些逃过劫难的人们赶紧跑了回来，悲哀地在断墙瓦砾中寻找自己的亲人。躲到码头和海边的人们虽然躲过了地震，但谁也没有想到，更为惨烈的悲剧正等着他们。

巨浪噩梦

世代居住在蒙特港的阿连德一家被强烈的震动掀倒在地，幸运的是他们都没有遇难。不过，噩梦才刚刚开始。

第一波9.5级的大地震过去后，蒙特港的海边出现了奇异的现象。海水突然迅速退落，从来没有见过天日的海底露出了“庐山真面目”，大量来不及逃跑的鱼虾在海滩上挣扎、跳跃。

尽管刚刚遭遇了惨痛灾难，但幸存下来的孩子们，仍对唾手可得的鱼虾充满了向往。有些大胆的孩子甚至跑到海滩上，拼命捡拾那些仍在跳跃的鱼儿。

阿连德的大儿子也想去捡鱼，但被父亲严厉地制止了。灾难已经毁灭了家园，一家人必须时刻待在一起！而且凭直觉，阿连德预感到还有更大的灾难。他和妻子带着孩子，与幸存下来的人们一起，慢慢向海港的高地转移。

果然，大约15分钟之后，海水像千军万马般冲了过来。海洋怒吼咆哮，掀起数十米高的巨浪。那些在海边捡鱼的孩子，以及那些待在广场、港口、码头和海边的人们顿时被吞噬，海浪还把船只、港口和码头的建筑物击得粉碎。一会儿，巨浪迅速退去，把能够带走的东西席卷一空，不到一分钟，海浪又卷土重来……看着眼前可怕的灾难，阿连德一家目瞪口呆。

海浪一涨一落，反复震荡，持续了几个小时。蒙特港这个智利有名的海港城市，刚被地震摧毁，此时又频遭海浪的冲刷。那些掩埋于碎石瓦砾之中还没有死亡的人们，却被汹涌而来的海水淹死。在几艘大船上，有数千人在此避难，但随着大船被巨浪击碎或击沉，船上的人们顿时被海浪吞没，无一人幸免。

阿连德他们不知道，海啸不但将蒙特港扫荡一空，而且还以几百千米每时的速度，袭击了其他地区的城市和乡村。巨浪所过之处，智利的康塞普西翁、塔尔卡瓦诺、奇廉等城市被摧毁殆尽，二百多万人无家可归。

海啸影响巨大

此次大海啸影响范围之广，造成的灾难之重。

巨浪在毁灭了智利的蒙特港等地后，一刻不停地向广阔的太平洋推进，它前进的速度达到了 700 千米/时。14 个小时后，巨浪率先抵达了夏威夷岛，它掀起的浪头高达 10 米，一瞬间，巨浪便摧毁了岛上的防波堤，海水涌上岸去，淹没了大片土地，并将沿途的树木、电线杆、房屋等悉数摧毁。之后，巨浪继续前进，不到 1 天的时间，它便越过了浩瀚广阔的太平洋，到达了彼岸的日本列岛。此时，当地的人们根本不知道海啸已经到临，当 6～8 米高的巨浪扑上岸时，人们惊慌不已。巨浪先是将停泊在港湾里的船只毁坏，将船上的人员和物品卷入大海，随后又扑上岸去，将海岸边的大部分建筑设施破坏。一时间，波涛汹涌，堤岸、房屋、树木等不是被冲走，就是被毁坏，来不及逃离的人们全被卷入大海……这次海啸造成日本数百人死亡，房屋毁坏近四千所，沉没船只逾百艘，沿岸码头、港口及其设施多数被毁坏。

海啸还波及了俄罗斯的远东地区。在堪察加半岛和库页岛附近，涌起的巨浪有 6～7 米高，致使沿岸的房屋、船只、码头等遭到不同程度的损害。在菲律宾群岛附近，由海啸引发的巨浪高达 7～8 米，沿岸城市和乡村居民遭到了同样的厄运。而中国沿海由于受到外围岛屿的保护，受这次海啸的影响较小。但是，在东海和南海的验潮站，人们都记录到了这次地震海啸引发的汹涌波涛。总之，智利大海啸对太平洋沿岸大部分地区都造成了不同程度的破坏，其影响范围之大实属罕见。

这场海啸灾难提醒我们，万里之外大地震引发的巨浪，都可能对我们的生命和财产造成巨大威胁，所以对外来海啸不能不防！

西西里大海啸

墨西拿是地中海岛屿西西里岛的第二大城市，这座以风光旖旎闻名的城市，距今已有二千八百多年的历史。希腊神话和荷马史诗中描写的海妖塞壬三姐妹，传说就居住在墨西拿海峡附近。

1908年12月28日，墨西拿发生7.5级大地震并引发了滔天巨浪，短短半小时之内，这座美丽的城市便被夷为平地。

地震恶魔

一个来自伦敦，名叫君士坦丁·多利萨的轮船经纪商，见证了这次可怕的灾难。多利萨当时住在墨西拿的特立纳克利萨旅馆。这座全市最大的豪华旅馆，当时居住了至少二百名旅客。

12月28日凌晨5时25分，睡梦中的多利萨被一阵猛烈的摇晃惊醒了。迷迷糊糊之中，他感到床正在往上抬升，同时摇晃得十分厉害。很快，他意识到发生地震了。多利萨曾经在几年前的雅典经历过地震，当时床摇晃了一会儿后，地震很快便过去了。多利萨以为这次的地震和雅典那次差不多。

但他完全错了。床在摇晃了大约十秒钟后，震动突然加剧，更可怕的大地震开始了。房屋像患了重病般瑟瑟抖动，各种巨大的响声混合在一起，似乎要把整个世界摧毁。剧烈的摇晃把多利萨从床上抖落下来，还没等他爬起，房屋便开始倒塌了。房顶的立柱"轰隆"一声崩塌下来，尘烟四起，灰尘眯了他的眼睛，同时他被一股巨大的力量推倒在地。幸运的是，他倒下的位置恰好有一个小小的空间——两根断裂的房梁交错在一起，为他支撑起一个活命的小空间。房顶倒塌后，接着屋瓦像雨点一般倾泻下来。

与多利萨一样，地震发生后，大约有一百人被埋在了特立纳克利萨旅馆的废墟下面。幸免于难的人，有的惊恐地跑出了旅馆大门，有的抱着各种摇摇欲坠的横条大喊救命。

废墟下的多利萨开始出现眩晕的感觉，但他强撑着自己，不断呼喊救命。不知过了多少时间，他突然感到压在身上的物体有了被搬动的迹象。有人来救他了！那一刻，他喜极而泣。

救他的是“阿方文”号船的船长和水手们。当时，“阿方文”号轮船正停泊在距特立纳克利萨旅馆不远的港口。旅馆倒塌后，船长马上发出救人的命令，并带领大家救出了多利萨他们。

这场7.5级的地震，使墨西拿城98%的房屋遭到破坏。地震之时，景象十分恐怖。城市房屋跳动旋转，地缝开合喷水，海峡峭壁坍塌入海。地震的破坏力波及城市周围的农村地区，并越过墨西拿海峡影响到意大利本土的南端。

更可怕的是海啸，它在地震发生之后不久便紧跟着来临了。

巨浪肆虐

地震使得墨西拿的水库全部崩裂，水库里的上亿方水倾泻而出，使得刚刚遭受巨大灾难的市区广大地段水灾泛滥。浑浊的洪水灌进街区，多利萨他们只得往更高的地方转移，而那些还埋在废墟下面的人们，只能被洪水活活淹死。

水库崩裂造成的洪水还未消退，海上的巨浪又来了。

地震引发了巨大的海浪。当时，一艘名叫“萨伯佛”号的鱼雷艇就停泊在港口。艇上一名军官这样描述当时的情景：“早上 5 时 25 分，大海突然像煮沸的开水一般，变得汹涌澎湃起来。巨大的海浪把我们的快艇高高举起，其他船也一样，像一个个软木塞似的上下剧烈波动。在剧烈的波动中，十几艘船被摧毁了。很快，我看到巨大的浪潮涌过海峡，冲到岸上，卷走了所有的一切。海浪过后，海岸上覆盖着一堆堆破烂的东西，很快，它们又被巨浪带到了大海里。”

这一情景，当时停泊在港口的一艘名为“雄鸭”号轮上的水手也看到了。由于“雄鸭”号停泊的地点离海岸更近，轮上的一名水手看到的惨烈景象更清楚。“地震发生时，有几千居民从即将倒塌的楼房中跳了下来。他们在海滨大道上一边呼喊，一边寻找安全的避难场所。这时铺天盖地的巨浪涌上海岸，劈头盖脸地向人们扑去。突然之间，人们的喊声全部消失了，所有的人在一瞬间不见了，他们全部被海浪卷走了。”这名水手痛苦地回忆当时的情景。

在海浪的肆虐下，也有一些幸运儿逃过了灾难。匈牙利女歌星卡拉列奇夫人便是其中之一。

这位美丽的女歌星是应邀到墨西拿巡回演出的。地震发生的前天晚上，她还在爱达剧院举办了一场精彩的个人演唱会，美妙的歌喉和华丽大方的演出，赢得了墨西拿观众的如潮掌声。地震发生时，这位受人尊敬的女歌星正住在特立纳克立萨旅馆内。在强烈的震动和摇晃下，她从旅馆的二楼房间跳了下来，身上多处受伤。此时，逃难的人们也顾不上她了。卡拉列奇夫人忍着疼痛，从地上迅速爬起来，并跟着大家向码头方向跑去。

刚刚跑到码头，海浪便扑了上来。跑在前面的人被海浪一卷便不见了。卡拉列奇夫人情急之下，手脚并用抱住了身边的一棵大树。海浪过来了，巨大的浪头扑打着她，海水很快将她淹没，但她屏住呼吸，死死抱着大树不放。海浪退去之后，她重新获得了生命。

后来，卡拉列奇夫人被海军军官们救起，并将她带到了意大利巡逻舰上。一周后，手臂上还绑着绷带的她，为这些可爱的士兵们作了一次别开生面的演唱。

这一天，来往于墨西拿和雷焦卡拉布里亚的渡船也遭受了灾难。海浪高高涌起，大海就像怪兽一般张开了血盆大口，将渡船整个吞了进去。渡船再次浮出水面时，船上的数百名乘客无一幸存。

这场海啸造成的灾难十分巨大，它警示我们，大地震发生之后，在救灾和自救的同时，一定要警惕海啸，避免更大灾难的发生！

危地马拉大海啸

危地马拉是拉丁美洲的一个小国家。从世界地图上看，拉丁美洲犹如长颈鹿细长的脖颈，而危地马拉就处在这个脆弱的脖颈之上。

20 世纪初，一场大地震袭击了这个国家，使得这个脆弱的地方变得更加脆弱。其中，地震引发的海啸在这场灾难中起到了推波助澜的作用。

大雨中的震动

1902年4月18日晚，一场猛烈的雷暴袭击了危地马拉城。整个城市中雷声震耳欲聋，闪电把大地照耀得如同白昼。许多人吓得待在屋里不敢出门。

天空中的云层越积越厚，城市像被一个巨大无比的黑色锅盖罩了起来。不一会儿，伴着闪电惊雷，一场瓢泼大雨从天而降。雨点像急促的箭头，激起了地面上的灰尘。很快，整座城市便被笼罩在密密实实的雨帘之中，大街小巷水花四溅，污水横流。不少人家的房屋由于漏水，人们不得不冒雨爬到屋顶上去翻盖屋瓦。

在外面雷鸣电闪、大雨倾盆的时候，危地马拉市的一个会议厅内却灯火辉煌，热闹非凡，这里正在为路易斯安那州交易博览会举行晚会。女人们穿着漂亮的晚礼服，男人们身着得体的西装，人们一边看精彩的晚会演出，一边举杯畅饮、欢谈。

正当晚会进入高潮的时候，突然，会场的水晶吊灯抖动了一下，大家一愣，紧接着，便看见吊灯像钟摆一样剧烈摇晃起来。

“发生地震了！”人们大惊失色，会场一片混乱。男男女女争相拥到了街上。

外面一团漆黑，雨越下越大。大街上已经聚集了许多惊恐万分的市民，大家在雨中呆呆地发愣。这时，大雨已经使街道上水满为患，许多地方被水淹没。

第一次地震延续了50秒钟，造成房屋倒塌、墙壁破裂，数以千计的人被埋在瓦砾之下。

灾难在大雨中持续着，第一次地震之后，第二次、第三次地震相继袭来，人们在废墟中痛苦地呻吟着……一系列地震，毁灭了一座城市和18个乡镇。

地震之后，海啸随之而来，巨大灾难共造成 12 200 人丧生，另有 8 万人无家可归。

海边巨浪

在危地马拉市遭受巨大灾难的同时，一些小镇也遭受了灭顶之灾，特别是一些濒临海边的小镇。

有一个叫伯顿的人，当时正在一个小镇出差。

这个小镇是一个仅有 1 万居民的小城镇。这个镇的高楼不多，但住房非常密集，一幢幢的居民住宅密密麻麻地挤在一起，像一个个的火柴盒紧紧排列在一起。

这个小镇还是一个紧靠海边的小港。居民住宅不远处，就是浩瀚无边的大海。有时人们在自家的屋内就能听到大海涨潮的声音。

这天晚上，这个小镇同样也是雷声隆隆，电光闪烁，大雨如注。地震就在恶劣天气的掩护下发生了。

伯顿当时正在旅馆的大厅里看报。他有一个看报的习惯，喜欢通过报纸了解世界各地的经济状况和风土人情。可以说，正是这个好习

惯挽救了他。如果当时他不在大厅看报，那他很可能就回到二楼的房间休息去了，如果当时在二楼，那地震来临时他就跑不出旅馆了。

因为当时在一楼的大厅，所以地面一开始震动时，伯顿就和大厅里的人们一起，以百米冲刺的速度跑到了大街上。而那些当时在二楼，甚至三楼、四楼的人们，刚刚跑到楼梯上，旅馆的房屋便“轰隆”一声倒塌了。

当时的伯顿被眼前的情景吓呆了。到处的房屋都在垮塌，到处都是房屋倒塌扬起的灰尘，到处都是人们哭喊救命的声音。这个仅有1万居民的小镇，在不到两分钟的时间内，便因房屋倒塌造成了4000人丧生。后来，劫后余生的伯顿，在自己的回忆录中写道：“大楼倒塌在地上，就像泥糊的房子一样，变成了一大堆瓦砾，楼房里的许多人像耗子似的被埋在废墟之下。那种情景真是可怕极了！”

跑到大街上的人们，还没从灾难中回过神来，另一个灾难又降临了。

地震引发了大海的怒吼和咆哮，海啸来临了！这次的海啸与大多数地震海啸有所不同。其他海啸来临前，海水一般会倒退，之后巨浪才涌上来，而危地马拉地震引发的海啸则没有出现这种现象，海啸巨浪就像平地“长”出来的，几层楼高的海浪排山倒海般直冲海滩，直扑小镇。不少从地震中逃生的幸存者，仍然没有逃脱死神的掌心；压在废墟下等待救援的人们，很快在海水的淹没中停止了呼吸。

当第一波巨浪涌来时，伯顿被海浪轻轻一推，随即淹没在了海水中。他屏住呼吸，紧紧抱住了身边的一棵大树。海浪退去后，他跌跌撞撞地和大部分人一起，拼命往高处跑去。沿途，他看到地面上裂开了一个又一个地缝。地缝深不可测，有些人不小心掉进去后，挣扎着想爬上来，不料第二波更猛的巨浪已经涌到，那些人便再也没能爬出来。

伯顿跑到高处，回头向后面望去，只见十多分钟前还灯火辉煌的小镇此时漆黑一片，密密麻麻的房屋全被巨浪冲毁，海面上漂浮着房屋残片和遇难者尸体，一些人在海水中大声呼救，但谁也不敢去救他们。很快，第三波巨浪涌来，将海岸边的一切全部带回了大海，整个小镇被海水冲刷得干干净净，不留一点痕迹。

伯顿和幸存者们被困在高处，他们提心吊胆、心力交瘁地度过了恐怖的一个夜晚。直到第二天海水退去，他们才等来了救援者。

这次地震海啸给伯顿留下了终生难忘的记忆，他在回忆录中写道："海啸是一个可怕的恶魔，住在海边的人们，一定要时刻警惕这个恶魔！"

惨烈风暴潮

中国虽然很少受到地震海啸的威胁，但台风引起的风暴潮却时常侵袭我国沿海一带。据统计，汉代至公元1946年的二千多年间，中国沿海共发生特大潮灾576次，一次潮灾死亡人数少则成百上千，多则上万至十万之多。1696年，当时的上海地区就曾经遭受过一次由台风引发的惨烈风暴潮灾难。

隐伏的灾难

公元1696年，当时的中国处于清朝康熙皇帝的统治下。在中国历史上，康熙是一个了不起的皇帝。不过，再怎么精明强干的皇帝，也无法和自然灾害较劲。这年的农历六月初一（公历为6月29日），台风从茫茫大海直奔当时的上海县，并最终酿成了一起死亡十万余人的人间惨剧。

上海县处于长江出口的重要位置上，它面临东海，由于海水中含有丰富的盐分，居住在海边的人们，很早便开始从海水中提取食盐。到了明朝，由于人口增加，对食盐的需求量也激增。在政府鼓励下，大批的外地人来到上海县，并定居在海滨地区从事炼盐工作。每家每户在海边挖一个灶，将大铁锅架在灶上，锅里掺上海水，下面点燃柴火烧煮——海水蒸发之后，白花花的盐粒便留在了锅里。由于这些人都依靠烧灶炼盐为生，因此他们被称为“灶户”。

到清朝康熙三十五年（公元1696年），上海海滨地区的“灶户”达到了数万户之多。这些勤劳朴实的人们怎么也不会想到，一场巨大的灾难正悄悄临近。

人们对这场灾难疏于防范的主要原因是当地已经数百年没有发生过风暴潮等灾难，长久的平安，让人们对即将到来的灾难浑然不知。

强台风来了

在台风来临之前，当地已经连续多日滴雨未下，在如火的骄阳炙烤下，气温持续上升，大地焦渴，溪沟断流，地里的庄稼枯萎了，有些地方甚至出现了人畜饮水困难。盼雨！人们祈求老天尽快降下甘霖，好把可恶的高温干旱赶走。

农历五月二十八日，人们惊喜地发现，往日晴空万里、艳阳高照的天气不见了，取而代之的是阴沉沉的天空。北风呼呼地刮着，云儿满天乱跑……“看来天气变了，老天要下雨了！”人们奔走相告，喜悦之情溢于言表。

北风刮了一天，但人们盼望中的雨并未降下来。农历五月二十九日，北风转为东风，此时风势更为强劲，天空中的云层也在增厚。“看来这场雨不小，今年的庄稼有救了！”街头巷尾，城里乡下，人们翘首以盼。

农历六月初一，这场酝酿了两天的雨终于降下来了。一早，天空仿佛被撕开了一道裂口，倾盆大雨从天而降，干裂的大地被雨水滋润饱和，干涸的河沟也很快溢满了水，连断流多年的小溪也开始淌水。“真是一场及时好雨！”人们在雨中奔走相告，欢呼载道。

然而，谁都没有料到，这场大雨的幕后“推手”是十分恐怖的强台风。据后人分析估计，这个台风的强度应该达到了“超强”级别，而且它的中心就位于上海县东南方向。更不幸的是，农历六月初一正是朔望期，在月亮引力的牵引下，天文大潮如期而至，它和台风的巨大能量叠加在一起，使得巨浪更加猛烈，出现了风暴潮的高潮位，当时黄浦江口的巨浪高达 6.4 米。据历史数据统计，1696 年的这次风暴潮为历史特大量级，可谓 500 年一遇。

人间惨剧

狂风暴雨持续到傍晚后停歇了，黑夜到来，人们带着希望和憧憬进入了梦乡。半夜时分，台风中心移到了上海县附近，猛烈无比的狂风掀起滔天大浪，和天文大潮叠加在一起，持续不断地涌向长江口。

居住在海滨地区的“灶户”最先被海浪吞噬。巨浪涌来时，有人在睡梦中听到外面传来巨大的“轰轰”声，被惊醒后，正想起来察看，浪头突然涌来，房屋被推倒。由于时值半夜，外面漆黑一片，巨浪又来得很突然，仓促之间，人们根本来不及躲避，也不知道往哪里躲避。据文字记载，当时“黑夜惊涛猝至，居人不复相顾，奔窜无路”。第一波大浪袭来时，便吞噬了数万人的生命。一名叫姚建麟的当地人记录下了当时的情形：“半夜时水涌丈余，淹死万人，牛羊鸡犬倍之。房屋树木俱倒，风狂浪大，村宅林木什物家伙，顷刻漂没。尸浮水面者，压在土中者，不可胜数，惨极！惨极！”

巨浪将沿海一带扫平后，继续向内陆方向猛进，“冲入沿海一带地方几数百里”，当时“宝山纵亘六里，横亘十八里，水面高于城丈许；嘉定、崇明、吴淞、川沙以及柘林八、九团等处，漂没千丈，灶户一万八千户，淹死者共十万余人”。

黑夜过去，黎明到来，海浪退去之后，幸存下来的人们悲恸地发现，呈现在他们眼前的是一幅人间地狱景象：到处是洪水，遍地是尸体。当时“积尸如山，惨不忍言”，水面上还漂浮着许多棺木。每天，棺木都随着潮水漂浮而来，当时的一个渡口，一天就有上百具棺木漂过，一直漂了四五天才停止。据分析，这些漂浮的棺木很可能是海浪将墓地摧毁后，墓中的棺木随水漂到下游的。

由于当时信息不通畅，官府对受灾情况缺乏整体掌握，刚开始没意识到灾情如此巨大。为了救济灾民，太守与知县一起，用船载着钱，沿着海边救济。然而没走出多远，船上的钱便发完了，而沿途的所见所闻也令他们十分震惊，直到此时，他们才意识到这场灾难有多么惨重。

此次强台风和天文大潮叠加造成的灾难，是有文字记载的中国风暴潮灾害中死亡人数最多的一次。它提醒我们，任何时候都不能忽视台风灾害，一定要加强对台风的防御！

凶猛强台风

1973 年 9 月 14 日，一场强台风在海南的琼海登陆。一时间，琼海大地一片狼藉，哭声动天。这场忽从天降的人间悲剧，在海南人们的心中留下了难以抹去的痛苦记忆。

台风来临前的假象

这场强台风来临前，给人们制造了一个安宁平和的假象。9 月 13 日白天，当地晴空万里，秋阳高照，乡镇集市热闹非凡，赶集的人们熙熙攘攘，欢声笑语不断。因为这一年的水稻、胡椒、槟榔、椰子等农作物长势特好，丰收在望，人们喜上眉梢，城乡到处是喜庆的氛围，谁也不会想到天灾会降临。而海边富有经验的渔民，也没有对这次台风来临看出一星半点迹象。

到了晚上，琼海上空的天气也十分晴好，天上只飘着薄纱般的轻云，一些星星出现在天幕上。不久，一轮明月从海平面上升起，皎洁的银辉顿时洒遍了大地。

“走，看电影去喽!”夜幕降下来时，嘉积镇附近的村民们相互邀约着，急匆匆地往城里赶去。这天晚上，城里要放映电影《卖花姑娘》。这是一部有名的朝鲜电影，讲述的是朝鲜姑娘不堪忍受悲惨遭遇、毅然参加革命的故事，其内容与《红色娘子军》中琼花的命运十分相似，因此当地的人们都极想看这场电影。为了看电影，一些村民甚至来不及吃饭，带着干粮便匆匆出发了。

影片放映完后，已经是深夜 12 点多了。此时月上中天，有人不经意间往天上一看，发现月亮周围出现了一个灰白色的大圆圈，月晕出现了！俗话说“日晕三更雨，月晕午时风”，月晕的出现，预兆着大风即将来临，但沉浸在影片感人场景中的人们，没有往坏天气方面去想。

因为第二天还要劳动，看完电影的人们大多回去休息了。当大家进入梦乡后，天上闪烁的星星不见了，月亮也躲到了云层后面，天空中堆起了厚厚的乌云，四周一片漆黑。在夜色的掩映下，台风从海面上浩浩荡荡奔袭而来。

对台风防备不足

事隔多年后，再来审视这场台风来临前人们所做的准备工作，发现存在严重的不足。

当天晚上，在琼海的一个农场，一名知青向大家转告了中央人民广播电台的消息：“今年第14号强台风将于14日凌晨在万宁县登陆。”马上便有人接话：“台风在万宁县登陆，对我们的影响不会很大。”“是啊，说不定可以一觉睡到天大亮！”大家的心里反而涌起一阵窃喜，疲劳的人们很快便酣然进入了梦乡。

与这个农场中的人们一样，当天晚上10时左右，琼海也有不少人听到广播消息，预报台风将在琼海登陆，但大家都没有重视，把这场台风当成一场平常的台风。在人们的记忆中，当地还从没出现过能将8吨重大卡车吹得底朝天，并掀出数米远的台风，大家也根本没有预料到，这场大风会将琼海变为一片废墟。

9月13日这天，正好琼海全县的公社书记都在县委开会。当天晚上，收听到台风预警消息后，县委立即召集公社书记们开会，紧急部署防风工作。公社书记们听完布置，迅速分头通知各个大队。但由于当时主要依赖广播通知，再加上通知的时候，天上还是明月高照，大地一片银辉，根本没有台风来临的迹象，因此人们还是像对付平时的台风一样，没有重视。还有的公社书记因为路远天黑，没来得及回到公社，防风措施也没来得及布置下去。还有很多地方根本就没有听到台风警报。

台风制造悲剧

9月14日凌晨2时，这场破坏力强大的台风在琼海博鳌登陆了。它一到来，便掀起了极其猛烈的狂风和巨浪，登陆时的中心风力达到了73米/秒（即18级），其风力之强，破坏力之大，可以说自古罕见。公社拖拉机站中28吨重的大油罐被刮卷上天，摔到四五千米外；琼海县委大院中一片尖尖的瓦片被狂风刮飞，竟像子弹似地穿入坚硬的老树干达两厘米深；嘉积糖厂的烟囱被刮倒了，整个嘉积城几乎看不到一座直立的建筑物，连盘根错节的百年古榕也是须根裸露，横倒街头。

狂风席卷琼海、万宁、定安、屯昌、白沙、昌江、东方7县，全海南死亡903人，其中受灾最重的琼海死亡人数达771人。台风将琼海的房屋吹塌10万间，半塌11万间，其他财产损失也很惨重。至今，那些50岁以上的海南人，提起这场忽从天降的人间悲剧，仍心有余悸。

当猛烈无比的台风袭来时，有一所学校却在老师们的正确指挥下沉着应对，全校学生安然无恙，逃过了死神的魔爪。

当天深夜两点多，狂风呼啸着掠过学校屋顶，将瓦片全部卷飞，学生宿舍楼也在大风中摇摆着，随时都有倒塌的危险。情况危急，由于学校没有一间坚固的房子，校长和老师们商量后，决定先把学生们疏散到操场上去。老师们立即行动起来，分头组织学生有序撤离危房，当最后一个学生跨出门槛时，只听“轰隆”一声，整栋学生宿舍楼倒塌了。全体学生逃过一劫，他们手挽手来到操场上，在雷电交加的暴风雨中，团团围坐在地上，大家低头相拥、挽手搂肩地抱成一团，任由狂风暴雨鞭打。有的人干脆趴在潮湿的地上，抓住地上的草，不让狂风卷走。同学们在操场上苦苦等待了3个钟头，大家互相鼓励，靠着集体的力量，一直坚持到天亮。由于学校领导和老师们指挥得当，学校在全部校舍被夷为平地的情况下，无一人员伤亡，算是创造了生命的奇迹。

这个事例告诉我们，当猛烈的台风袭来时，一定要沉着应对，及时转移到安全的地方！

飓风“卡特里娜”

2005年8月，对位于西半球的美国来说，是灾难肆虐、举国悲泣的日子。飓风“卡特里娜”造成的巨大破坏和混乱，使这个世界上最强大的国家竟然无所适从。

这次飓风灾难，被认为是美国历史上损失最大的自然灾害之一，整个受灾范围几乎与英国国土面积相当，飓风共造成1800多人死亡和数千人受伤，直接经济损失达1250亿美元。

凶猛的“卡特里娜”

对这次飓风，人们虽然给它取了一个温柔美丽的名字——卡特里娜，但让人大跌眼镜的是，“卡特里娜”不但不温柔，不美丽，反而超级凶猛，超级残暴。

让我们一起来回顾“卡特里娜”的成长过程：2005年8月24日早上，“卡特里娜”在大西洋上迅速成长，从一个飓风“婴儿”迅速成长为飓风“少年”。仅仅过了一天，8 月 25 日，这名“少年”又快速壮大，成了当年大西洋飓风季的第四个飓风。当天 18 时 30 分，“卡特里娜”在美国佛罗里达州登陆。不过，它穿过佛罗里达州南部后，又掉头进入了墨西哥湾，一头扎进了大海之中。

8 月的墨西哥湾，海水的温度超过了 32 摄氏度，海水中蕴藏着巨大的热能，而且海面上空微弱的垂直风切变、良好的高空辐散等条件，也非常适合飓风“充电”。果然，“卡特里娜”在这里迅速增强为 5 级飓风，它近中心的最高持续风速达到了可怕的 278 千米/时（即 77 米/秒）。也就是说，在墨西哥湾“充电”后，“卡特里娜”已经从一个秀气的“大姑娘”，摇身一变，成了一个张牙舞爪的恐怖恶魔。这个恶魔挥舞着猛烈无比的风棒，气势汹汹地向美国海岸扑去。

据气象专家分析，“卡特里娜”之所以凶悍无比，是因为它有几个显著特点。首先，“卡特里娜”的规模较大。一般的飓风范围只有 16 千米宽，而“卡特里娜”却有 320 多千米宽，它覆盖了美国新奥尔良以西地区到佛罗里达州彭萨科拉的广袤区域。8 月 29 日中午，从“卡特里娜”中心往外 201 千米的范围内，风力都达到了飓风级别。其次，墨西哥湾沿岸的地理状况容易遭到袭击。因为墨西哥湾北部海岸地势低平，飓风掀起的巨浪冲来时，这些地方的人们无处可逃。此外，“卡特里娜”的推进速度相当缓慢，它每小时只“走”19～24 千米，这种“老牛拉破车”的速度，使得它有更多时间在海面上兴风作浪，祸害人间。

可怕的飓风灾难

可怕的飓风来了，它掀起狂风，掀起大浪，横扫美国九个州，制造了一场惨绝人寰的灾难。飓风所到之处，房屋被摧毁，道路被淹没，树木被连根拔起，帆船被抛至岸边，车辆、树枝等散落遍地。

飓风来临时，在密西西比州比洛克西市，住在临海一带的数百名居民被困在家中，因为狂风太猛，暴雨太大，他们无法转移。正在这时，有人听到海面上传来巨大的“隆隆”声，仿佛数百辆坦克在齐头并进。就在大家惊疑不定时，狂风掀起的大浪已经冲上了海岸。令人恐怖的是，大浪竟然高达 9 米，比居民的房屋都高出了许多。一瞬间，这些房屋便像儿童玩具般被巨浪轻轻掀翻，房屋中的人们全部被洪水吞噬。

巨浪继续向内陆挺进，一直推进到距离海岸 1.6 千米处才停了下来。当时沿海一带开设有多家赌场，巨浪到来时，这些赌场全部被摧毁，附近的居民房也无一幸存。

巨浪所过之处，海滩消失了，房屋不见了，铁路无踪影了……在受灾最重的地区，90％的建筑物消失，地上堆积的残砖断瓦深至膝盖。密西西比州州长巴伯在视察灾情时震惊不已：“无法形容。你会看到多个街区，（但）那里没有房屋。我的意思是，一无所有。”在他看来，这次飓风造成的破坏，与 1945 年日本广岛原子弹爆炸后的情景十分相似：“它们（建筑物）都已不在。我可以想象，这就是广岛 60 年前的样子。”

有人把这次灾难与历史上肆虐美国的飓风“卡米尔”相比较。1969 年，“卡米尔”以 320 千米/时的速度席卷密西西比州和路易斯安那州，造成 256 人死亡。但在当地居民和政府官员看来，“卡特里娜”带来的暴风雨比“卡米尔”更为猛烈。按照比洛克西市长霍洛韦的话说：“这场（飓风）如同海啸。”

这场飓风还给当地制造了巨大的混乱。灾难过后，新奥尔良市出现无政府状态的混乱局面，部分地区的抢劫之风越刮越猛，劫匪们大肆烧杀抢掠和强奸。新奥尔良市的河岸边发生数次剧烈爆炸，一些武装团伙与警察发生枪战，局势十分混乱。由于压力巨大，有两名警察甚至自杀……

灾难中的感人事迹

天灾无情，但人间自有大爱。在受灾严重的新奥尔良市，不少人在自家的房屋被淹后，仍自发组成救援团队，积极救助其他灾民。31岁的拜伦·雷恩便是其中之一。房屋被淹之后，他和朋友迈克尔乘坐小船逃生，但他们并没有走远，在恐慌过后，他们回到受灾地区对人们展开救援，将那些困在房屋中的人们救出。

在等待救援的过程中，一位76岁的老人熬过了艰难的18天后终于获救。当时，他被洪水困在自家房子里，仅靠一点水维持生命。等待了18天后，一队救援人员终于划着船出现在了他家附近，他赶紧呼叫求救。救援人员用大锤子砸开前门进入屋内，发现老人待在满是烂泥的厨房里，不可思议的是，76岁的他精神状态很好。

这个事例告诉我们，如果因台风灾害被困时，一定不要灰心丧气，要积极乐观，想办法活下去，等待救援人员出现。

“群星公主”罹难

台风在海面上横行时，掀起的大浪不但可以打翻渔船，而且上万吨的巨轮有时也会遭其“毒手”。

2008 年 6 月 21 日，台风“风神”就曾使菲律宾一艘万吨级的客轮——“群星公主”号沉没，造成八百多人遇难的特大海难事故。

“公主”遭遇“风神”

“群星公主”号是一艘菲律宾客轮，它于 1984 年建成，整体船重达到了 23 824 吨。这艘万吨级巨轮上的设施十分齐全，可以搭载 2000 名乘客。

“群星公主”号隶属于菲律宾苏尔皮西欧船运公司，这家公司可以说大名鼎鼎，不过，它出名的原因并不光彩。1987 年 12 月 20 日，该公司的一艘船“多纳一帕兹”号，在菲律宾中部海域与另一艘船相撞，造成 4340 人罹难。

2008 年 6 月 20 日晚上，“群星公主”号从菲律宾首都马尼拉港口出发，准备前往菲中部的城市宿务。船上载有 751 名乘客，其中有 81 名儿童，此外，船上还有 111 名工作人员，全部人员加在一起，船上一共是 862 人。

“群星公主”号出发时的天气状况很不好，甚至可以说很糟糕，因为就在当天下午 2 时左右，台风“风神”已经在菲律宾中部的东萨马省沿海登陆。“风神”如它的名字一样，可不是一个好惹的家伙。它成长的速度十分惊人。6 月 19 日上午，“风神”在菲律宾以东洋面“诞生”；6 月 20 日凌晨左右即加强为强热带风暴；当天上午又加强为台风；上午 8 时，台风便冲到了菲律宾中部以东大约 110 千米的近海海面上；下午 2 时许，台风浩浩荡荡正式登陆，它中心附近的最大风力达到了 35 米/秒（即 12 级）。受到“风神”影响，台风中心附近 400 千米范围内的海面上，普遍刮起了 7 级以上大风。一时间海上狂风呼啸，波涛汹涌。

马尼拉港口的风也很大，海水掀起一个个浪头，使得庞大的船体也不禁微微摇晃起来，而远处的海面上更是风狂浪涌，看上去令人心惊胆战。虽然已经接到了台风警报，但船运公司认为“群星公主”号客轮一直状况良好，适合出海。于是在汽笛声中，客轮缓缓驶出港口，向着风浪汹涌的大海驶去。

“公主”沉没

大海上的风更猛，浪更高，海浪像小山般，一个接一个地扑打在船舷上，激起大浪。船上的乘客有些害怕，他们全都待在船舱里，倾听着外面一声高过一声的浪涛声，暗暗祈祷此次航行能平安到达目的地。

“群星公主”号在大海上航行了一整夜。第二天天亮后，从睡梦中醒来的人们逐渐放下心来，因为再过几个小时，他们就可以到达目的地了。

然而此时台风中心正在向“群星公主”号逼近，海上的风浪更大了，狂风巨浪推搡着船体，使得万吨级的“群星公主”号剧烈颠簸，船上的老人和孩子出现了晕船现象，他们难受地趴在船舱里，不知道该怎么办。

“台风中心正在向我们靠近，请帮助我们躲避台风！”船长看情形不对，赶紧让工作人员发出求助信号。

求助信号发出后，船长下令客轮迅速向海岸边驶去，以避开猛烈的台风中心。

在心惊胆战中，乘客们终于迎来了吃午饭的时间。就在大家走进餐舱准备进餐时，客轮突然停止了前进，随即，一个可怕的消息传来——由于风浪太大，船上的引擎失效了！

引擎失效，意味着船失去了前进的动力，一时间大家都愣住了。

而此时失去动力的船像一片树叶般在海面上剧烈摇晃起来。

二十多分钟后，更可怕的消息传来：船身被海底的礁石击穿了一个大洞，海水正迅速涌入船体之中！

船上的人们全都慌乱起来，一时间哭叫声、求救声响成一片。当船身出现倾斜时，船长出于职责，命令 111 个船员坚守岗位。但很快，他便知道最糟糕的事情已经不可避免，于是发出了弃船命令，让乘客和船员赶紧乘救生筏逃生。

这时客轮上一片混乱，眼看客轮迅速朝一侧倾斜，年轻力壮的乘客赶紧跑出船舱，许多人甚至来不及穿救生衣，便纵身跳下了大海。而老人和孩子们由于晕船，根本不知道如何逃生，只能眼睁睁地在船上等死。

大约有 100 人跳进海里，而其他人则被困在船上，很快，客轮便倾覆了，它被海浪推搡着在大海里翻了个底朝天，船舱朝下，船底朝上。待在船舱里的人，被活活淹死了。

由于风大浪急，跳海的 100 来人，大部分也被海浪吞噬了，只有一小部分人幸运地爬上橡皮艇，不过没划出多远，一个巨浪打来，橡皮艇被打翻，人们全部落入水中……

“公主”号沉没的启示

“群星公主”号沉没后，菲律宾海军与海岸警卫队很快组成联合搜救队，赶赴出事地点努力搜救。搜救队发现船体已经翻转 180 度，倒扣在海面上。“蛙人”潜水进入海面下，用金属器具敲击船体，但没有收到任何回应——困在船舱里的人，全都没有生还的可能了。

最后，“群星公主”号上的 862 名人员中，只有几十人获救，其余的全部葬身海底。在获救的人员中，有 28 人在客轮失事后，幸运地爬上了一艘橡皮艇，更幸运的是，这艘橡皮艇逃过了风浪的“围剿”，6 月 22 日傍晚，他们在奎松省南部海岸获救。

此次沉船事故虽然是由台风引起，但也暴露出一些人为因素，即政府如何采取措施加强海上安全。“群星公主”号失事后，正在美国访问的菲律宾总统阿罗约也意识到了这一问题，她要求查明为什么明知台风已登陆菲律宾，而这艘客轮仍被允许出航。当了解到万吨级的客轮在台风登陆时仍可以出海的规定后，阿罗约立即要求修改相关规定。

敬畏自然，希望这样的悲剧不再发生！